Wachsthum und Ertrag

normaler Kiefernbestände

in der

norddeutschen Tiefebene.

Nach den Aufnahmen

der

Preussischen Hauptstation des forstlichen Versuchswesens

bearbeitet

von

Dr. Adam Schwappach,

Kgl. Professor an der Forstakademie Eberswalde und Dirigent der forstlichen
Abtheilung der Hauptstation des forstlichen Versuchswesens

Mit drei Tafeln.

Berlin.

Verlag von Julius Springer.

1889.

Pierer'sche Hofbuchdruckerei. Stephan Geibel & Co. in Altenburg.

ISBN-13: 978-3-642-98237-8   e-ISBN-13: 978-3-642-99048-9
DOI: 10.1007/978-3-642-99048-9

Softcover reprint of the hardcover 1st edition 1889

Inhalt.

Untersuchungen über den Wachsthumsgang normaler Kiefernbestände sind vom Verein deutscher Versuchsanstalten bereits vor
etwa 14 Jahren begonnen und in ausgedehntem Masse während
der Periode 1876—1878 vorgenommen worden. Nach dem Ergebniss der sämmtlichen damals ausgeführten Aufnahmen hat den
Bestimmungen des Arbeitsplanes gemäss die preussische Hauptstation des forstlichen Versuchswesens, bez. der damalige Dirigent
der forstlichen Abtheilung derselben, der nunmehrige Professor
und Forstrath Weise zu Karlsruhe, allgemeine Ertragstafeln aus-
gearbeitet[1]).

Das Erscheinen dieses Buches hat eine lebhafte literarische
Discussion veranlasst, welche sich sowohl auf die vom Verfasser
gewählte Methode, als auch auf die Beschaffenheit des den Tafeln
zu Grunde liegenden Materiales bezog. Als Ergebniss dieser Erörterungen, sowie der seitherigen Entwicklung der ganzen Frage
über das zweckmässigste Verfahren für Aufstellung von Ertragstafeln und deren Aufgaben dürften folgende drei Punkte hier
besonders hervorzuheben sein:

1) Vor der Bearbeitung allgemeiner Ertragstafeln ist die Aufstellung von Lokalertragstafeln für bestimmt abgegrenzte Wachs-
thums- und Wirthschaftsgebiete in Angriff zu nehmen.

2) Wiederholte Aufnahmen ständiger Versuchsflächen bieten
den besten Anhaltspunkt für die Aufstellung von Ertragstafeln.

3) Bei der Unmöglichkeit, scharf abgegrenzte Bestimmungen
über den Begriff der „Normalität" zu geben, ist die Einheitlich-
keit des für Aufstellung einer Ertragstafel zu benützenden Grund-
lagenmateriales nur dadurch zu wahren, dass die Auswahl der
Probebestände und die Beurtheilung der Brauchbarkeit der Versuchsflächen durch eine einzige oder doch durch möglichst

---

[1]) Weise, Ertragstafeln für die Kiefer, Berlin 1880.

wenige, von gleichen Anschauungen ausgehende Persönlichkeiten erfolgt.

Da bei Beginn meiner Thätigkeit an der hiesigen Haupt-station eben ein Decennium seit Vornahme der ersten Erhebungen verflossen war, so habe ich es im Einverständniss mit den mass-gebenden Persönlichkeiten für meine erste und wichtigste Aufgabe gehalten, eine neue Kiefern-Ertragstafel unter Berücksichtigung der inzwischen gemachten Erfahrungen zu bearbeiten. Letztere sind, soweit sie das Princip betreffen, im Vorstehenden bereits angeführt worden.

I. Unterlagen der Ertragstafeln.

Zufolge des oben erwähnten Grundsatzes, dass in erster Linie die Aufstellung von Localertragstafeln anzustreben sei, ergab sich zunächst, dass für vorliegende Arbeit lediglich preussische Er-hebungen zur Verwendung kommen sollten. Dagegen durfte die Frage, ob innerhalb Preussens noch eine weitere Ausscheidung von Wachsthumsgebieten vorzunehmen sei, verneint werden, wenn man die Untersuchung auf jene Landestheile beschränkte, in welchen die Kiefer vorherrschend vertreten und von je her heimisch ist. Abgesehen von einzelnen Theilen der Provinzen Hannover und Sachsen liegen dieselben östlich der Elbe, alle aber gehören der norddeutschen Tiefebene an. Das Hügelland und Mittelgebirge der westlichen Provinzen, in welchen die Kiefer vorwiegend erst künstlich angebaut worden ist, wurde bei Sammlung des Grund-lagenmateriales nicht berücksichtigt; für diese haben also die vorliegenden Tafeln keine, oder doch nur beschränkte Giltigkeit.

Wenn nun auch nicht behauptet werden kann, dass in dem ausgedehnten Gebiet von der Elbe bis zur russischen Grenze, von Magdeburg und Leipzig bis Memel die Wachsthumsbeding-ungen für die Kiefer völlig gleichartige seien, so sind doch die vorhandenen Verschiedenheiten so unbedeutend, dass sie nicht zur Ausscheidung von Wachsthumsgebieten nöthigen, eine An-nahme, welche durch die Vergleichung von Beständen weit aus einander gelegener Gegenden bestätigt worden ist.

Das Material, welches für die Aufstellung der Tafeln benützt wurde, ist insofern nicht ganz gleichartig, als neben den Ergebnissen zweimaliger Aufnahmen von bereits vorhandenen ständigen Ertrags-probeflächen auch jene neu angelegter Versuchsflächen, sowie in einzelnen Fällen nur die Resultate der zweiten Aufnahmen älterer Probeflächen benutzt worden sind.

Die Neuanlage von Probeflächen war aus verschiedenen Gründen nothwendig. Es ergab sich nämlich, dass ca. 30 % der vorhandenen ständigen Versuchsflächen theils im Laufe der Zeit unbrauchbar geworden waren, theils auch schon bei der Anlage den gegenwärtigen Anforderungen an die Normalität nicht entsprochen haben mochten. Dieser Abgang musste durch entsprechende neue Flächen ersetzt werden. Weiter fehlten in einigen grossen Kieferngebieten, namentlich in der Johannisburger und Tuchler Heide ständige Ertragsprobeflächen fast vollständig. Ausserdem hatte eine vorläufige Sichtung des vorhandenen Materiales erkennen lassen, dass auf den geringeren Bodenklassen bisher nur in sehr ungenügender Weise Ertragsermittlungen angestellt waren, weshalb besonders im Sommer 1888 vorwiegend Bedacht auf Neuaufnahmen geringwüchsiger Bestände genommen wurde. Fast sämmtliche in Tabelle I aufgeführte Probeflächen IV. und V. Bonität sind erst bei den jetzigen Erhebungen neu angelegt worden.

Ich war bestrebt, bei der Sammlung des Materiales den Grundsatz der einheitlichen Beurtheilung der Normalität der Probeflächen und der gleichmässigen Durchführung der Arbeit, soweit nur irgend möglich, zur Geltung zu bringen. Es ist deshalb nur solches Material benutzt worden, welches von Seiten der Hauptstation selbst entweder aus neu angelegten Flächen oder aus solchen älteren Versuchsflächen genommen worden ist, welche bei der Revision als „gegenwärtig noch normal" angesprochen werden konnten, dagegen sind die Messungen, welche von den Wirthschaftsbeamten gelegentlich der periodischen Durchforstungen vorgenommen wurden, unberücksichtigt geblieben.

Sämmtliche vorhandenen ständigen Ertragsprobeflächen sind bezüglich ihrer Normalität und der hierdurch bedingten ferneren Brauchbarkeit von mir an Ort und Stelle geprüft worden, ebenso habe ich alle neu angelegten Flächen, mit wenigen Ausnahmen, entweder vollständig, oder doch hinsichtlich der Abtheilung und der ungefähren Lage ausgewählt.

Die Aufnahme der neuen Flächen hat ausschliesslich mein Assistent, Herr Forstassessor Fricke, in den Jahren 1887 und 1888 ausgeführt. Die wiederholte Aufnahme der zuerst von mir revidirten älteren Ertragsprobeflächen ist theils von diesem, theils von vorübergehend der Hauptstation zugetheilten Hilfs-arbeitern (im Sommer 1887: Herrn Forstassessor und Feldjäger-lieutenant Keuffel, im Sommer 1888: Herrn Forstassessor Paul Müller) besorgt worden.

Das hierbei beobachtete Verfahren entspricht den Bestim-mungen des Arbeitsplanes des Vereins deutscher forstlicher Ver-suchsanstalten, und wurde dabei Gewicht auf möglichst ausge-dehnte Probestammfällung gelegt.

Die Beschränkung derselben auf nur einen Stamm pro Klasse beeinträchtigt die Genauigkeit der Messung und nament-lich die Vergleichbarkeit der wiederholten Aufnahmen auf der gleichen Fläche ganz erheblich. Infolge dieses Umstandes konnten von mehreren älteren Flächen nur die jetzigen Auf-nahmen benutzt werden, da sich bei näherer Untersuchung heraus-stellte, dass auffallende Differenzen zwischen beiden Aufnahmen meist durch ungenügende Probestammfällung in den Jahren 1876/78 und ungünstige Auswahl auch nur eines einzigen Probestammes, namentlich wenn dieser den stärkeren Klassen angehörte, veranlasst wurden. Die Schattenseite des Probestammverfahrens, dass bei demselben vom Kleinen auf das Grosse geschlossen werden muss, und dass Fehler bei der Auswahl der Probestämme sich im Resultat vielfach vergrössert vorfinden, lässt den Beschluss der Versammlung des Vereines deutscher forstlichen Versuchs-Anstalten zu Ulm 1888, dass bei wiederholten Aufnahmen die Massenberechnung mit Hilfe geeigneter Formzahlen stattfinden dürfe, wenn eine umfassende Probestammfällung nicht möglich ist, sehr gerechtfertigt erscheinen.

Neben diesem in der Aufnahmemethode begründeten Miss-stande trat bei der Zusammenstellung der Ergebnisse auch noch ein anderer hervor, auf den Weise bereits im Jahrgang 1887 der Zeitschrift „Aus dem Walde" aufmerksam gemacht hat. Un-sere zur Zeit übliche Behandlungsweise der ständigen Versuchs-flächen reicht nämlich nicht hin, um Resultate von jener Zuver-lässigkeit und Genauigkeit zu erhalten, welche für wissenschaftliche Arbeiten unbedingt gefordert werden muss.

Auf allen Probeflächen verschwinden Stämme, ohne dass dieselben gebucht werden. Dieser Abgang beeinträchtigt häufig die Verwendbarkeit der Resultate im hohen Masse und macht namentlich den Werth der Aufzeichnung der Zwischennutzungs-ergebnisse illusorisch, ein Umstand, auf welchen ich weiter unten nochmals zurückkommen werde.

Hier kann nur die von Weise geforderde Numerirung der Bäume und stammweise Verbuchung der Durchmesser Abhilfe schaffen, abgesehen von sonstigen Vortheilen, welche sich bei diesem Verfahren für eine Reihe von wissenschaftlichen Untersuchungen ergeben.

Es ist deshalb eine unabweisbare Forderung, dass wenigstens ein Theil der ständigen Versuchsflächen auf diese Art behandelt wird. In jüngeren Beständen, wo eine fortlaufende Numerirung der einzelnen Individuen wegen zu grosser Stammzahl unthunlich ist, genügt eine Numerirung nach Stärkeklassen mit einer Abstufung von 2—5 cm.

Von Seiten der preussischen Hauptstation ist hiermit bereits begonnen worden und sind u. a. auf 18 Kiefernertragsprobeflächen sämmtliche Stämme numerirt, über Kreuz auf Millimeter gekluppt und die Ergebnisse dieser Messung genau gebucht.

Die Muster der hierbei benutzten Formulare sind folgende:

A. Für stammweise fortlaufende Numerirung.

Nr. des Stammes	Durchmesser in den Jahren		Nutzung			Bemerkungen
	1888	1892/3	Art	Jahr	Durchmesser	
1	21,8	23,1	Durchforstung	1897	24,0	
2	19,7	22,2				
3	19,0	21,4				
4	20,2	22,8				

B. Für klassenweise Numerirung.

Klasse 3

Jahr und Monat der Werbung	Hiebsart	Stammzahl	Durchmesser von | bis (cm)		Stammgrundfläche qm
			von	bis	
Sept. 1888	Bestand	30	7 | 10 ⌣ 9		0,191
1890	Trockenhieb	2	8	10	0,013
1893	Diebstahl	1		10	0,008

Klasse 4

Jahr und Monat der Werbung	Hiebsart	Stammzahl	Durchmesser von | bis (cm)		Stammgrundfläche qm
Sept. 1888	Bestand	72	10,1 | 12 ⌣ 11		0,684
1890	Trockenhieb	3	10	12	0,028

Die Numerirung muss mit Oelfarbe erfolgen, da nach den gemachten Erfahrungen Zinkplättchen, auch wenn sie nicht der Böswilligkeit zum Opfer fallen, durch das Dickenwachsthum sehr rasch losgerissen werden und verloren gehen.

Die Kosten des Numerirens betragen incl. Materialverbrauch je nach dem Stammreichthum 5—10 Mark pro Fläche und erfordern 3—4 Tagschichten.

Eine andere Fehlerquelle, welche bei wiederholten Aufnahmen in den Abweichungen bezüglich der Messhöhe, sowie in der ungleichmässigen Behandlung der Randstämme (Vernachlässigung oder Hereinziehen) liegt und sich jetzt ebenfalls unangenehm bemerkbar machte, ist nunmehr durch die allgemein durchgeführte Bezeichnung der Messhöhe und damit auch der zur Fläche gehörigen Stämme mittelst eines Oelfarbenstriches beseitigt.

Nach Ausscheidung der wegen ungenügender Probestammfällung zweifelhaften früheren Aufnahmen standen noch die Resultate der in Tabelle I verzeichneten 212 Erhebungen zur Verfügung. Dieselben wurden in zwei Kategorien gesondert, je nachdem sie der Bestimmung der Vereinsversammlung in Ulm vom Jahre 1888, nach welcher die Probeflächen bei gleichem Alter und gleicher Höhe keine grössere Abweichung in der Kreisfläche als 15 % zeigen dürfen, entsprechen oder nicht. Die letzteren Aufnahmen sind unter der Bezeichnung „nicht vollständig normale Bestände" besonders zusammengestellt und wurden bei der Construction der Ertragstafeln bezüglich des Hauptbestandes nicht weiter benutzt, wohl aber waren dieselben noch geeignet für die Zwischennutzungserträge, Ausscheidung nach Sortimenten etc. werthvolle Anhaltspunkte zu gewähren.

Die betreffenden 36 Aufnahmen entfallen in der Hauptsache auf bereits vorhandene Probeflächen, welche sich bei der Besichtigung zwar als zweifelhaft erwiesen haben, bei denen ich aber doch aus Rücksicht auf die bereits darauf verwandten Mühen und Kosten von einem völligen Verwerfen Abstand genommen hatte. Auch einige wenige neu angelegte Probeflächen haben schliesslich der oben erwähnten Forderung nicht entsprochen.

Die übrigen 176 Aufnahmen, welche die Unterlage für die später folgenden Ertragstafeln bilden, dürften den berechtigten und realisirbaren Ansprüchen bezüglich der Normalität vollkommen genügen; einzelne Bedenken werden bei aller Sorgfalt nie vermieden werden können.

Die Massenermittlungen vertheilen sich auf die drei
Gruppen: Aufnahmen auf neu angelegten Probeflächen, Aufnahmen auf alten Probeflächen, deren erste Aufnahmen nicht zu
verwerthen waren, und Aufnahmen alter Probeflächen, von denen
beide Aufnahmen benutzt sind, in folgender Weise:

Bonität	Aufnahmen neu- angelegter Flächen	Aufnahmen bereits vorhandener Probe- flächen ohne Berück- sichtigung der ersten Aufnahme	Zweimalige Aufnahmen von ständigen Probeflächen	Sa.
I	3	8	22	33
II	8	20	32	60
III	4	6	32	42
IV	17	2	12	31
V	8	2	—	10
	40	38	98	176

Bezüglich der formellen Anordnung in Tabelle I dürfte noch
Folgendes hervorzuheben sein:

Es schien mir zweckmässig, den Vortrag nach Bonitäten und
innerhalb derselben nach dem Alter geordnet vorzunehmen, um
hierdurch schon ein Bild der Wachsthumsverhältnisse zu geben,
das namentlich für Jene ein besonderes Interesse bietet, welche
die betreffenden Probeflächen kennen. Wenn von einer Probefläche beide Aufnahmen benutzt sind, so war das Alter bei der
ersten Aufnahme für den Vortrag massgebend, die beiden Aufnahmen sind aber des Vergleichs wegen unmittelbar nach einander
angeführt. Von einer Mittheilung der Standortsbeschreibung
glaubte ich behufs Raumersparniss deswegen absehen zu dürfen,
weil die betreffenden Verhältnisse, das Gebiet als Ganzes betrachtet,
ausserordentlich gleichartig sind. Die Zusammensetzung des fast
nur dem Diluvium angehörenden Bodens ist vom Flugsand bis zum
reinen Lehmboden wechselnd; eine Ausnahme machen nur die Bestände Nr. 96, 153, 161, 162, 176 und 210, welche auf Moorboden
stocken. Der Neigungsgrad des Terrains und die Exposition,
sowie die nirgends 100 m übersteigende absolute Höhe bieten
keine Veranlassung zu einem besonderen Wachsthumsgang. Es
ist in einer Besprechung der Weise'schen Ertragstafeln bereits sehr
mit Recht hervorgehoben worden, dass gerade bei der Kiefer die
Beschreibung der Standortsverhältnisse, von den Extremen ab-

gesehen, wenig charakteristische Anhaltspunkte für die Beurtheilung des Entwicklungsganges und damit auch der Bonität enthalten; ganz besonders gilt dieses aber für das hier in Betracht kommende Untersuchungsgebiet. Ein Versuch, ob vielleicht die Bodenflora für diese Zwecke verwendet werden könne, wurde als resultatlos aufgegeben, weil etwas Anderes, als was in der Praxis ohnehin schon längst bekannt ist, nicht hervortrat und in den mittleren Bonitätsstufen diejenigen Pflanzen, welche als besonders charakteristisch für gute oder schlechte Böden betrachtet zu werden pflegen, oft in buntem Wechsel, wenn auch mit verschiedenem Gedeihen neben einander vorkommen, so dass 'ein zur schärferen Diagnose der Bodenklassen verwerthbares Gesetz absolut nicht abzuleiten ist.

(Siehe Tabelle I S. 9—15.)

II. Construction der Ertragstafeln.

Die Aufstellung der Ertragstafeln aus dem mitgetheilten Grundlagenmaterial ist im Wesentlichen nach den gleichen Principien erfolgt, welche ich gelegentlich der Bearbeitung meiner Ertragstafel für die Kiefer in Hessen angewandt habe[1]). Einzelne Aenderungen waren jedoch einerseits durch den Umstand bedingt, dass die aus den wiederholten Aufnahmen gewonnenen Curvenstücke einen werthvollen Anhalt für die Construction der Höhen-, Massen- etc. Curven boten, andererseits durch die Vereinbarungen gelegentlich der Vereinsversammlung zu Ulm, durch welche eine bestimmte Masse im Alter von 100 Jahren als Criterium der Bonität festgelegt und somit ein Punkt gegeben war, von dem aus vorwärts und rückwärts weiter operirt werden musste.

Die erste Arbeit bestand darin, dass die Gesammtmassen für die sämmtlichen Flächen in der bekannten Weise auf Millimeterpapier aufgetragen und jene Ordinatenendpunkte, welche durch wiederholte Aufnahmen derselben Probefläche gewonnen worden waren, mit einander verbunden wurden. Hierbei zeigte sich, dass die Mehrzahl dieser Curvenstücke annähernd nach gleichen Richtungen verlief, andere, jedoch nur ein geringer Theil, sich der allgemeinen Tendenz nicht fügen wollte. Bezüglich dieser

---

[1]) Wachsthum und Ertrag der Kiefer im Grossherzogthum Hessen, Allgem. Forst- und Jagd-Zeitung 1886 p. 329 ff.

Uebersicht

Tabelle I.

über die den Ertragstafeln zu Grunde liegenden Massenermittlungen.

Ord. Nr.	Oberförsterei	Regierungs-bezirk	Jagen	Be-grün-dung	Alter	Stamm-zahl	Stamm-grund-fläche	Durch-messer	Höhe	Derb-holz	Reis-holz	Ge-sammt	Derb-holz	Baum
					Jahre		qm	cm	m	Festmeter				
1	Klooschen	Königsberg	1	S.	20	4665	22,56	7,8	8,2	64,76	78,55	143,31	351	772
2	Jura	Gumbinnen	145	„	23	3820	25,50	9,2	9,8	97,80	74,25	172,05	392	688
3	Cladow	Frankfurt	16	„	32	2610	32,79	12,6	13,8	176,22	73,96	250,18	390	552
4	„	„	16	„	44	1380	35,79	18,2	19,1	315,67	50,20	365,87	462	535
5	Falkenberg	Merseburg	182	„	34	3160	34,52	11,8	13,1	195,33	82,00	277,33	431	613
6	„	„	182	„	45	1795	36,57	16,1	16,5	250,68	75,89	326,57	416	540
7	Neubruchhausen	Hannover	123	Pfl.	36	1960	34,06	15,0	14,3	218,10	76,98	295,08	433	614
8	„	„	123	„	46	1328	34,41	18,2	16,9	269,43	52,37	321,80	463	554
9	Massin	Frankfurt	113a	S.	38	2684	35,44	13,0	14,2	234,33	76,20	310,53	466	617
10	„	„	113a	„	50	1487	38,80	18,2	18,7	320,66	59,53	380,19	441	524
11	Neuenkrug	Stettin	53	„	41	1459	34,12	17,3	17,6	288,64	58,02	346,66	481	578
12	„	„	53	„	53	1057	38,12	21,4	19,4	344,49	48,66	393,15	465	532
13	Schöneiche	Breslau	8	„	42	1776	36,93	16,3	16,4	281,34	58,86	340,20	464	562
14	„	„	8	„	52	1260	41,37	20,4	19,4	379,56	56,24	435,80	473	541
15	Falkenberg	Merseburg	126	N.	46	1207	37,74	20,0	17,7	302,53	55,20	357,73	453	536
16	„	„	126	„	57	994	41,50	23,1	19,8	355,65	66,39	422,04	433	514
17	Cladow	Frankfurt	87	S.	50	1248	36,82	19,4	18,9	307,64	42,20	349,84	443	503
18	Massin	„	140a	„	50	1252	37,92	19,6	18,8	321,60	54,65	376,25	452	528
19	Braschen	„	122	„	52	1324	38,47	19,2	20,5	347,64	46,58	394,22	441	599
20	„	„	122	„	62	1012	42,32	23,1	24,1	427,16	51,08	478,24	420	472
21	Cladow	„	53	„	58	884	38,82	23,6	22,1	403,28	55,24	458,52	470	535

I. Bonität.

Ord. Nr.	Oberförsterei	Regierungs-bezirk	Jagen	Be-gründung	Alter	Stamm-zahl	Stamm-grund-fläche	mittl. Durch-messer	Höhe	Masse Derb-holz	Masse Reis-holz	Masse Ge-sammt	Formzahl Derb-holz	Formzahl Baum
					Jahre		qm	cm	m	Festmeter				
22	Grünheide	Posen	73	N.	60	1217	41,39	20,8	20,0	371,33	64,99	436,32	448	527
23	"	"	73	"	71	864	42,81	25,1	23,1	421,60	60,60	482,20	425	487
24	Cunersdorf	Potsdam	232d	"	63	752	33,14	25,4	22,4	362,29	63,94	426,23	424	499
25	Tornau	Merseburg	45	"	66	551	40,50	30,6	23,5	383,45	59,70	443,15	403	466
26	"	"	45	"	77	492	44,31	33,9	26,0	453,18	55,99	509,17	393	442
27	Grünheide	Posen	64b	S.	76	764	43,47	26,9	24,8	470,40	53,88	524,28	436	486
28	Potsdam	Potsdam	21	"	80	600	41,72	29,8	24,7	448,54	43,11	491,65	436	478
29	"	"	21	"	91	513	43,09	32,7	25,4	472,26	48,39	520,65	431	476
30	Eckstelle	Posen	29b	N.	92	500	44,92	33,8	26,5	522,76	44,29	567,07	440	477
31	Schöneiche	Breslau	11	"	133	396	57,07	42,8	30,7	792,44	56,92	849,36	452	485
32	Grünfelde	Marienwerder	111	"	134	340	48,41	42,6	33,1	731,00	50,35	781,35	456	488
33	Massin	Frankfurt	266	"	146	313	46,04	43,3	31,5	628,10	50,64	678,74	433	468

II. Bonität.

Ord. Nr.	Oberförsterei	Regierungs-bezirk	Jagen	Be-gründung	Alter	Stamm-zahl	Stamm-grund-fläche	mittl. Durch-messer	Höhe	Masse Derb-holz	Masse Reis-holz	Masse Ge-sammt	Formzahl Derb-holz	Formzahl Baum
34	Norkaiten	Gumbinnen	26	Pfl.	11	24620	17,41	3,0	3,1	—	90,56	90,56	—	1,687
35	Glinke	Bromberg	102	S.	27	3789	28,02	9,7	9,6	111,70	83,46	195,16	415	725
36	"	"	102	"	38	2000	33,54	14,6	13,8	204,20	54,50	258,70	441	560
37	Kielau	Danzig	133	Pfl.	27	3896	27,66	9,5	10,3	111,16	74,12	185,28	389	645
38	Eberswalde	Potsdam	26	S.	29	3756	31,76	10,4	10,9	148,20	72,00	220,20	428	635
39	Klooschen	Königsberg	4	"	30	3608	28,01	9,9	11,9	140,24	70,48	210,72	420	633
40	Börnichen	Frankfurt	69	Pfl.	36	2676	37,69	13,4	13,2	223,88	60,56	284,44	450	577
41	Wirthy	Danzig	211	N.	37	2585	34,10	13,0	13,8	212,16	68,72	280,88	451	597
42	Falkenberg	Merseburg	103	S.	38	2377	32,66	13,2	12,5	187,11	68,66	255,77	457	626
43	"	"	103	"	49	1738	38,43	16,8	16,1	248,33	82,53	330,86	401	535
44	Braschen	Frankfurt	63a	"	38	2908	34,41	12,3	14,2	209,17	74,09	283,26	428	579
45	"	"	63a	"	48	1900	38,64	16,1	17,2	300,56	58,60	359,16	453	542
46	Kehrberg	Stettin	81a	N.	40	1964	32,09	14,4	13,9	210,12	62,86	272,98	471	612
47	"	"	81a	"	51	1344	35,98	18,5	18,3	295,05	60,99	356,04	448	540
48	Wirthy	Danzig	212	S.	42	2916	34,25	12,2	14,3	216,04	66,80	282,84	443	581
49	Falkenberg	Merseburg	172	"	42	2132	35,17	14,5	14,8	209,06	86,98	296,03	401	568

50	Wirthy	Danzig	240	S.	43	2140	30,25	13,4	14,4	213,00	54,00	267,00	488	612
51	Cladow	Frankfurt	47	"	45	1692	35,54	16,4	16,3	268,22	46,40	314,62	463	543
52	Schwerin	Posen	38	"	48	2032	37,23	15,3	16,5	250,79	62,55	313,34	409	512
53			38	"	59	1140	38,15	20,6	19,6	308,30	48,48	356,78	411	477
54	Tschiefer	Liegnitz	77	"	50	1744	37,86	16,6	17,0	281,45	42,71	324,16	436	503
55	"	"	77	"	60	1180	38,39	20,3	19,1	324,96	55,65	380,60	443	519
56	Falkenberg	Merseburg	154	"	50	1587	36,48	17,1	17,3	283,95	59,50	343,45	450	543
57	"		154	"	61	1184	38,02	20,2	19,2	333,18	58,86	396,04	456	543
58	Massin	Frankfurt	262a	N.	51	1363	34,32	17,9	17,9	289,20	53,10	342,30	471	557
59	Falkenberg	Merseburg	152	"	53	1267	35,94	19,0	17,0	283,16	60,00	343,16	464	562
60	"		152	"	64	1000	37,91	22,0	19,0	329,91	66,24	396,15	435	522
61	Kehrberg	Stettin	79b	"	57	1243	36,85	19,4	18,4	319,91	55,80	375,71	471	554
62	"	"	79b	"	68	980	41,43	23,2	22,4	381,20	53,71	434,91	411	469
63	Glinke	Bromberg	197	S.	59	1336	39,01	19,3	18,2	318,40	63,80	382,20	448	538
64	Massin	Frankfurt	160b	N.	63	1022	37,87	21,4	19,5	323,46	59,60	383,10	437	518
65	"	"	160b	"	75	688	37,97	26,5	22,3	373,38	57,64	431,02	442	509
66	Schwerin	Posen	42	"	67	1137	38,86	20,9	19,5	342,63	64,29	406,92	452	537
67	"	"	42	"	78	764	39,84	25,7	22,6	407,44	54,66	462,10	452	514
68	Panten	Liegnitz	84	"	71	944	40,08	23,3	21,1	380,76	45,72	426,48	450	505
69	Cunersdorf	Potsdam	234	"	71	826	39,84	24,8	21,5	385,53	51,20	436,73	451	510
70	"	"	234	"	81	587	39,60	29,3	22,5	367,22	58,21	425,43	412	477
71	Neuenkrug	Stettin	1	S.	72	674	41,97	28,2	22,8	411,98	51,06	463,04	430	484
72	Potsdam	Potsdam	14	N.	77	666	38,68	27,2	22,1	383,82	52,40	437,20	449	510
73	"		14	"	88	535	39,64	30,7	24,3	417,72	55,73	473,45	436	491
74	Schöneiche	Breslau	17	"	77	780	38,43	25,1	22,9	425,79	57,05	482,84	485	549
75	Peetzig	Stettin	83	"	78	625	37,36	27,6	23,3	381,81	44,41	426,22	440	491
76	Schwerin	Posen	42	"	92	467	43,30	34,4	25,9	483,90	53,00	536,90	432	479
77	Kehrberg	Stettin	34	"	92	457	39,90	33,3	25,2	483,50	53,72	537,22	480	534
78	"	"	34	"	103	419	42,35	35,9	26,1	528,49	62,67	591,16	477	534
79	Falkenberg	Merseburg	133	"	95	386	43,96	38,1	26,6	501,64	68,70	570,14	429	487
80	"	"	133	"	106	346	43,41	39,6	26,8	551,40	61,03	612,42	477	526
81	Winsen	Lüneburg	41a	"	101	552	46,50	32,8	23,0	506,49	48,05	555,44	474	519
82	Cladow	Frankfurt	33	"	106	405	39,99	35,5	26,6	469,57	53,22	522,79	442	492
83	Wirthy	Danzig	199	"	121	374	41,24	37,5	27,3	490,38	50,86	541,24	436	482
84	Woziwoda	Marienwerder	125	S.	124	666	40,42	27,8	24,6	466,14	58,66	524,80	469	528
85	Nikolaiken	Gumbinnen	29	N.	124	436	42,48	35,4	29,5	567,32	48,84	616,16	453	493
86	Tornau	Merseburg	39	"	128	329	46,87	42,6	29,0	600,16	60,10	660,26	441	485
87	"	"	39	"	139	311	46,47	43,7	30,0	682,97	41,23	724,20	490	519
88	Grünfelde	Marienwerder	154	"	129	452	51,09	38,0	28,5	626,23	50,13	676,36	430	464

Ord. Nr.	Oberförsterei	Regierungsbezirk	Jagen	Begründung	Alter Jahre	Stammzahl	Stammgrundfläche qm	mittl. Durchmesser cm	mittl. Höhe m	Masse Derbholz	Masse Reisholz	Masse Gesammt	Formzahl Derbholz	Formzahl Baum
										Festmeter				
89	Neuenkrug	Stettin	193	N.	137	318	43,79	41,9	28,9	558,85	41,89	600,74	442	475
90	Massin	Frankfurt	237a	„	137	329	40,64	39,1	29,7	520,00	46,10	566,10	431	469
91	Johannisburg	Gumbinnen	33	„	167	304	39,08	40,4	30,6	590,16	43,72	633,88	493	530
92	Cladow	Frankfurt	79	„	190	234	41,08	49,0	32,5	604,02	31,04	635,06	452	475
93	„	„	80	„	193	237	41,04	47,0	30,8	620,42	43,39	663,81	491	526
III. Bonität.														
94	Cunersdorf	Potsdam	86a	S.	27	5014	27,92	8,4	8,2	80,99	87,20	168,19	354	735
95	„	„	86a	„	38	2658	31,01	12,2	11,6	156,25	64,57	220,82	434	615
96	Norkaiten	Gumbinnen	73	N.	30	5444	24,55	7,6	9,1	75,84	90,94	166,78	340	746
97	Schönlanke	Bromberg	54	S.	30	5920	26,05	7,6	10,2	90,97	103,50	194,47	333	798
98	„	„	54	„	40	2612	28,85	11,9	12,8	170,04	60,68	230,72	460	624
99	Falkenberg	Merseburg	106	„	34	3470	28,63	10,3	10,3	120,03	78,60	198,63	407	676
100	„	„	106	„	45	2232	34,59	14,0	13,1	198,17	75,09	273,26	513	602
101	Glinke	Bromberg	158	„	35	8096	30,19	6,9	9,3	95,07	88,61	183,68	339	654
102	„	„	158	„	46	3328	30,53	10,8	12,6	165,44	67,64	233,08	429	606
103	Wirthy	Danzig	240	„	43	2684	27,40	11,4	12,6	155,72	55,08	210,80	452	611
104	Grünheide	Posen	75b	„	44	2740	34,01	12,6	14,2	214,32	60,00	274,32	443	568
105	Tschiefer	Liegnitz	127	„	51	2952	31,15	11,6	12,7	165,54	65,18	230,72	428	582
106	„	„	127	„	61	1644	30,02	15,3	14,7	210,00	55,40	265,40	476	601
107	Doberschütz	Merseburg	61	N.	55	1131	31,22	18,7	15,3	206,85	46,67	253,52	434	532
108	„	„	61	„	67	997	35,88	21,4	16,5	272,18	35,86	308,04	460	520
109	Massin	Frankfurt	172	„	56	1417	33,32	17,3	16,4	233,56	48,29	281,85	428	517
110	„	„	172	„	68	1026	34,17	20,2	19,0	295,20	36,30	331,50	454	509
111	„	„	260	„	56	1234	33,49	18,6	16,7	239,05	52,54	291,59	427	522
112	„	„	260	„	68	884	33,76	22,1	18,7	290,00	41,20	331,20	460	506
113	Neubruchhausen	Hannover	14c	S.	57	1696	34,08	16,0	17,0	269,26	54,75	324,01	464	559
114	„	„	14c	„	67	1104	35,40	20,2	19,0	319,61	49,89	369,50	476	550
115	Rüdersdorf	Potsdam	20a	„	59	1215	36,53	19,6	17,3	291,12	42,14	333,26	461	528
116	„	„	20a	„	70	976	37,99	22,2	19,2	337,22	44,86	382,08	462	524
117	Winsen	Lüneburg	79b	„	60	898	34,51	22,0	17,3	282,97	55,37	338,34	474	566
118	„	„	79b	„	70	776	38,70	25,2	19,1	340,48	56,54	397,02	460	537

119	Neubruchhausen	Hannover	101	S.	62	1140	36,43	20,2	16,9	288,74	62,39	351,13	470	571
{120	Neuenkrug	Stettin	160	"	64	1120	29,18	18,2	16,2	220,27	44,29	264,56	465	568
{121	"	"	160	"	76	891	31,91	21,3	18,6	266,55	43,10	309,65	450	522
{122	Falkenberg	Merseburg	121	N.	72	772	32,44	23,1	18,2	269,09	44,40	313,49	456	531
{123	"	"	121	"	83	692	36,27	25,8	19,8	321,25	42,75	364,00	490	506
{124	Cunersdorf	Potsdam	199	S.	78	978	35,38	21,5	20,1	308,13	42,10	350,23	433	492
{125	"	"	199	"	89	727	35,84	25,0	21,8	364,51	54,46	418,96	468	537
{126	Dobrilugk	Frankfurt	60d	"	86	728	36,99	25,4	19,2	315,16	47,83	362,99	443	511
{127	"	"	60d	"	95	676	38,41	26,9	20,2	363,55	59,52	423,08	469	545
{128	Falkenberg	Merseburg	73	N.	87	638	32,85	25,6	19,6	288,17	40,20	328,37	443	504
{129	"	"	73	"	98	590	35,26	27,8	20,5	324,90	43,55	366,45	460	523
130	Doberschütz	"	121	"	88	704	35,35	25,3	18,5	311,00	54,20	365,20	475	557
131	Falkenberg	"	86	"	97	603	39,24	28,7	22,3	419,96	53,78	473,74	480	542
132	Woziwoda	Marienwerder	306	S.	101	820	36,14	23,7	20,6	329,12	43,68	372,80	442	502
133	Schwiedt	"	281	N.	117	668	37,80	26,8	22,1	370,36	46,96	417,32	443	499
134	Massin	Frankfurt	240b	"	125	430	38,76	33,9	25,2	450,78	55,84	506,62	461	519
135	Wirthy	Danzig	132	"	132	589	36,00	27,8	23,8	392,00	50,80	442,80	458	517

IV. Bonität.

136	Birnbaum	Posen	161	S.	34	4148	22,63	8,3	7,8	61,04	55,16	116,20	342	658
137	Kielau	Danzig	279	"	34	4808	23,76	7,9	8,4	69,08	76,16	145,24	346	725
138	Selgenau	Bromberg	220	"	37	5436	22,93	7,2	7,8	54,76	70,32	125,08	307	700
139	Freienwalde	Potsdam	110	"	38	3112	21,15	9,3	7,2	59,85	46,32	106,17	392	694
{140	Tschiefer	Liegnitz	23d	"	38	4896	22,84	7,7	8,1	54,32	70,81	125,13	294	678
{141	"	"	23d	"	48	3384	29,95	10,6	10,7	121,72	63,84	185,56	380	597
142	Selgenau	Bromberg	72	"	40	4744	25,89	8,3	9,0	87,00	68,00	155,00	373	665
143	"	"	56	"	45	4172	24,45	8,6	9,0	80,58	65,75	146,64	367	666
144	Birnbaum	Posen	225b	"	53	2644	28,38	11,7	10,5	124,28	49,56	173,84	416	584
{145	Rüdersdorf	Potsdam	28	"	55	1624	28,96	15,1	13,3	161,88	54,53	216,41	420	560
{146	"	"	28	"	66	1190	30,66	18,1	14,6	200,91	48,69	249,60	449	558
147	Birnbaum	Posen	198	"	60	1784	25,20	13,4	12,0	135,64	40,28	175,92	449	582
148	Woziwoda	Marienwerder	221	N.	63	1988	26,77	13,1	13,8	160,52	49,64	210,16	435	571
149	Rosengrund	Bromberg	112	"	64	1510	29,58	15,8	14,7	192,74	48,55	241,29	444	554
150	Börnichen	Frankfurt	41	"	67	1620	30,35	15,4	13,6	205,36	51,24	256,60	496	619
{151	Braschen	"	58a	Pfl.	69	2200	32,72	13,8	13,0	189,51	59,84	249,36	446	586
{152	"	"	58a	"	79	1568	34,70	16,7	15,3	232,48	49,16	281,64	437	529
153	Jura	Gumbinnen	95	N.	71	1548	29,68	15,6	14,8	216,44	51,92	268,36	492	610
154	Rosengrund	Bromberg	99	"	72	1460	25,90	15,0	14,2	165,75	42,55	208,30	451	565
155	Tschiefer	Liegnitz	131	"	75	1680	30,50	15,2	15,0	202,09	51,53	253,62	442	555

Ord. Nr.	Oberförsterei	Regierungs-bezirk	Jagen	Be-gründung	Des Bestandes			mittl.		Masse			Formzahl	
					Alter	Stamm-zahl	Stamm-grundfläche	Durch-messer	Höhe	Derb-holz	Reis-holz	Ge-sammt	Derb-holz	Baum
					Jahre		qm	cm	m	Festmeter				
156	Stronnau	Bromberg	112	S.	77	1320	25,96	15,7	14,2	172,24	39,44	211,68	466	574
{157	Doberschütz	Merseburg	61c	N.	78	1026	33,71	20,4	16,3	259,87	31,10	290,97	473	530
{158			61c		90	934	37,53	22,6	17,7	279,27	45,71	324,98	420	490
{159	Panten	Liegnitz	46	S.	91	1292	30,07	17,2	14,9	210,39	44,85	255,24	468	569
{160	"		46	"	101	1156	33,07	19,1	15,5	235,20	44,00	297,20	493	597
{161	Norkaiten	Gumbinnen	69	N.	91	1000	27,38	18,7	15,9	214,14	41,92	256,06	491	588
{162		"	69	"	101	882	30,29	20,9	16,8	251,98	49,80	301,78	495	593
163	Woziwoda	Marienwerder	246	S.	96	912	34,15	21,8	18,4	288,00	55,00	343,00	456	545
164	"	"	318	"	98	1152	32,10	18,8	16,7	245,32	51,60	296,92	457	554
165	Rosengrund	Bromberg	110	N.	112	504	30,04	27,5	18,7	251,68	44,16	295,48	449	528
166	"	"	99	"	128	584	31,33	26,1	20,2	296,00	53,72	349,72	471	557

V. Bonität.

Ord. Nr.	Oberförsterei	Regierungs-bezirk	Jagen	Be-gründung	Alter	Stamm-zahl	Stamm-grundfläche	Durch-messer	Höhe	Derb-holz	Reis-holz	Ge-sammt	Derb-holz	Baum
167	Birnbaum	Posen	161	Pfl.	32	5140	16,50	6,4	5,2	23,00	44,32	67,32	268	781
168	Selgenau	Bromberg	208	S.	37	6088	21,83	6,7	6,7	39,28	54,76	94,04	271	646
169	"		72	"	40	5756	23,06	7,2	7,1	51,28	62,24	113,52	311	689
170	Freienwalde	Potsdam	113	"	45	4674	24,07	8,1	6,1	51,17	45,88	97,05	347	660
171	"	"	100	"	54	4084	24,53	8,8	7,2	67,87	28,36	96,23	387	544
172	Birnbaum	Posen	198	"	60	3108	21,35	9,4	8,6	75,92	48,24	124,16	413	674
173	Dobrilugk	Frankfurt	124	"	66	3100	26,64	10,4	10,2	109,72	54,96	164,68	409	613
174	Selgenau	Bromberg	195	"	78	1980	32,70	14,5	11,9	177,85	48,80	226,65	457	582
175	Dobrilugk	Frankfurt	153a	"	87	1844	25,99	13,4	11,4	139,74	51,02	190,76	471	644
176	Pfeil	Königsberg	38	N.	100	584	18,47	20,2	12,2	112,92	37,84	150,76	501	669

Nicht vollständig normale Bestände.

I. Bonität.

Ord. Nr.	Oberförsterei	Regierungs-bezirk	Jagen	Be-gründung	Alter	Stamm-zahl	Stamm-grundfläche	Durch-messer	Höhe	Derb-holz	Reis-holz	Ge-sammt	Derb-holz	Baum
177	Jura	Gumbinnen	130	S.	64	584	31,76	26,3	22,8	340,24	48,04	388,28	469	536
{178	Doberschütz	Merseburg	85	N.	80	455	42,51	34,5	26,4	520,05	47,40	567,45	464	506
{179	"	"	85	"	91	410	45,28	37,5	27,8	583,47	52,50	635,97	463	505

II. Bonität.														
180	Jura	Gumbinnen	199	S.	34	1925	26,06	13,1	13,3	160,58	49,30	209,88	463	613
181	Falkenberg	Merseburg	148	N.	46	1551	38,37	17,0	15,8	276,48	70,30	346,78	455	572
182	„	„	148	„	57	1204	42,83	21,3	19,2	355,08	75,86	430,94	385	468
183	„	„	159	„	59	952	38,81	22,8	19,6	373,89	52,80	426,69	492	561
184	„	„	159	„	70	798	37,41	24,4	22,1	399,03	66,53	465,55	483	564
185	Cladow	Frankfurt	27	S.	83	621	33,12	26,1	21,9	340,88	43,45	384,33	462	520
186	Neuenkrug	Stettin	95a	N.	85	622	37,58	27,7	23,8	375,66	34,72	410,38	417	456
187	Klooschen	Königsberg	35	„	86	604	34,47	27,0	26,2	401,77	26,29	428,06	444	474
188	„	„	35	„	97	529	36,73	29,7	26,1	451,75	37,07	488,82	472	511
189	Schöneiche	Breslau	17	„	87	644	40,99	28,5	23,8	483,80	66,28	550,08	496	564
190	Rüdersdorf	Potsdam	53	S.	97	503	36,04	28,1	24,7	404,26	34,16	438,42	455	493
191	Guszianka	Gumbinnen	191	N.	115	368	36,61	35,6	27,9	453,04	41,96	495,00	444	485
192	Johannisburg	„	38	„	133	356	36,56	36,2	29,8	547,20	43,60	590,80	502	542
193	Cladow	Frankfurt	10	„	137	275	35,15	40,4	27,8	443,20	44,80	488,00	453	499
III. Bonität.														
194	Kielau	Danzig	278	S.	30	3096	29,06	10,9	9,8	124,28	70,76	194,84	319	684
195	Breitenheide	Gumbinnen	43	„	46	1332	18,92	13,4	12,2	102,80	29,60	132,40	446	574
196	Neuenkrug	Stettin	183	„	53	1466	30,70	16,3	16,9	239,46	45,89	285,35	461	549
197	„	„	183	„	65	1090	32,72	19,5	18,8	287,70	37,70	325,40	469	529
198	Johannisburg	Gumbinnen	35	N.	77	776	29,67	22,0	19,1	259,48	45,36	304,84	457	538
199	Stronnau	Bromberg	110	S.	78	992	28,62	19,2	17,8	260,72	49,20	309,92	512	609.
200	Doberschütz	Merseburg	136	N.	68	1154	36,07	20,1	15,1	248,94	47,00	295,94	457	543
201	„	„	136	„	79	1004	38,63	22,1	17,4	292,80	35,46	328,26	512	574
202	Eggesin	Stettin	950	„	83	963	27,43	19,0	16,6	208,34	33,97	242,31	458	533
203	„	„	950	„	95	711	27,72	22,3	17,6	221,30	33,80	255,10	454	523
204	Doberschütz	Merseburg	106	„	85	502	43,20	33,1	21,9	405,10	54,90	460,00	428	486
205	„	„	106	„	96	477	45,85	35,0	22,1	444,07	45,33	489,40	438	482
206	Eggesin	Stettin	78	„	119	347	36,31	36,5	25,1	396,72	43,68	440,40	436	484
IV. Bonität.														
207	Zirke	Posen	156	Pfl.	37	2808	22,21	10,0	9,2	85,52	50,92	136,44	416	666
208	Eggesin	Stettin	59b	S.	65	1026	23,91	17,2	14,4	156,40	35,80	192,20	454	558
209	Tschiefer	Liegnitz	131	N.	85	1184	32,74	18,8	16,4	276,04	45,48	321,52	515	600
210	Norkaiten	Gumbinnen	72	„	92	748	28,96	22,2	17,6	247,35	51,84	299,19	485	586
211	Rosengrund	Bromberg	113	„	121	395	31,43	31,8	21,6	325,00	62,00	387,00	481	573
V. Bonität.														
212	Breitenheide	Gumbinnen	29	S.	35	5340	10,49	5,0	5,3	21,74	25,53	47,27	395	845

letzteren Flächen wurde untersucht, woher die Abweichungen stammten. Für einige Aufnahmen liessen sich bei der Revision Irrthümer nachweisen, meistens lag aber der oben bereits hervorgehobene Umstand vor, dass bei der ersten Aufnahme zu wenig Probestämme gefällt worden waren und die bei den ersten und zweiten Aufnahmen erhaltenen Höhen und Formzahlen unzulässige Differenzen zeigten, was namentlich beim Vergleich mit den Ergebnissen der jetzigen Höhenanalysen hervortrat. Da bei den letzten Massenermittlungen die Probestammfällung fast durchgehends weiter ausgedehnt und die Aufnahmen einheitlicher vorgenommen worden waren, als vor zehn Jahren, so habe ich mich im Fall der Nichtübereinstimmung beider Aufnahmen für berechtigt gehalten, den Ergebnissen der letzteren grösseres Vertrauen zu schenken und sie allein zu benützen Als störendes Moment kam in einigen Fällen die ungleiche Ausführung der von Seiten der Revierverwalter erfolgten Durchforstungen in Betracht, indem dieselben trotz der hierfür in Preussen bestehenden genauen Bestimmungen, welche speciell für die Kiefern-Ertragsprobeflächen stets eine mässige Durchforstung vorschreiben, einer modernen Tendenz folgend gelegentlich auch auf den Versuchsflächen im Verhältniss viel zu stark in den Bestand eingegriffen haben.

Nur bei wenigen ungewöhnlich differirenden wiederholten Bestandesaufnahmen liess sich der Grund des abweichenden Wachsthumsganges nicht nachweisen, und dürfte dieser hauptsächlich in Besonderheiten des Standortes zu suchen sein. Diese Flächen wurden bei der Bearbeitung ebenfalls nicht berücksichtigt.

Das Ergebniss der in dieser Weise vorgenommenen Sichtung ist in Tabelle I enthalten.

Sodann erfolgte die vorläufige Abgrenzung der Bonitäten für das 100 jährige Alter, indem auf der betreffenden Ordinate dem Vereinsbeschlusse gemäss die Massen von 700, 550, 420, 300 und 200 fm markirt und die den verschiedenen Bonitäten entsprechenden Zonen durch Abmessung je zweier gleich breiter Abschnitte von den angegebenen Fixpunkten aus nach oben und unten bezeichnet wurden.

Bei dieser Gelegenheit trat nun die interessante Erscheinung hervor, dass Bestände I. Bonität im Sinne der erwähnten Vereinbarungen in Preussen nur in untergeordneter Anzahl existiren. Die Probeflächen, welche zu Folge des bei ihrer Auswahl eingehaltenen Verfahrens gewiss alle wichtigeren Standortsverhältnisse repräsen-

tiren, lagen bei der graphischen Darstellung der Aufnahmeergeb-
nisse mit einigen wenigen, und eben desshalb für die gegenwärtigen
Zwecke nicht weiter in Betracht kommenden Ausnahmen dicht
beisammen, der oberste Streifen derselben entsprach etwa höchstens
der Untergrenze der I. Bonität nach obiger Definition.

Vergleicht man die aus anderen Staaten vorliegenden Angaben über die Massen der etwa 100 jährigen Bestände mit den
Ergebnissen der preussischen Aufnahmen, so zeigt sich, dass so
massenreiche Bestände für dieses Alter, wie im mittleren und südlichen Deutschland, in Preussen nicht, oder doch nur in ganz
wenigen Ausnahmefällen vorkommen.

Für Württemberg kommen hierbei in Betracht[1]):

Fläche Nr. 49   90 jährig mit 700 fm
  „   „ 51   96   „   „ 691 „

Für Hessen[2]):

Fläche Nr. 70   96 jährig mit 671 fm
  „   „ 53   87   „   „ 712 „
  „   „ 24   77   „   „ 626 „
  „   „ 55   110   „   „ 825 „
  „   „ 97   91   „   „ 613 „

Für Bayern[3]):

Fläche Nr. 101   97 jährig mit 804 fm.

Nach den badischen Aufnahmen theilt Schuberg[4]) als Mittel-
werth für das Alter 100 in der I. Bonität 739 fm mit.

Der Umstand, dass in einzelnen Wachsthumsgebieten die
Extreme der Bonitäten im Sinne des Vereinsbeschlusses fehlen
oder doch nur in geringer Ausdehnung vorkommen könnten,
wurde bei den betreffenden Berathungen allerdings erwähnt,
man einigte sich aber doch auf die angegebenen Mittel-
werthe für die Bonitätsstufen der von den forstlichen Versuchsanstalten herauszugebenden Ertragstafeln. Da für die Ermittlung
des Wachsthumsganges der danach auszuscheidenden I. Bonität
aus Preussen genügendes Material fehlt, so hätte ich nur vier
Bonitätsstufen ausscheiden, und entweder mit der II. beginnen
oder diese mit I und die letzte mit IV bezeichnen müssen, wenn

---

[1]) Speidel, Ertrags-Untersuchungen in Forchenbeständen Württembergs.

[2]) Schwappach, Wachsthum u. Ertrag der Kiefer im Grossherzogthum Hessen.

[3]) Weise, Ertragstafel für die Kiefer.

[4]) Schuberg, Ueber die Culmination des Zuwachses bei Bäumen und Beständen, Suppl. zur Forst- und Jagdzeitung, Bd. XII, p. 78.

ich an den von dem Verein der forstl. Vers.-Anst. angenommenen
Sätzen hätte festhalten wollen.

Ich konnte mich jedoch nach reiflicher Ueberlegung hierzu
nicht entschliessen, wobei namentlich die Erwägung ausschlag-
gebend blieb, dass die forstliche Praxis in Preussen seit langer
Zeit an die Ausscheidung von fünf Bonitäten gewöhnt ist. Es
war infolgedessen zu befürchten, dass dieselbe bei stricter Durchführung des Vereinsbeschlusses sich von vornherein ablehnend
gegen die ganze Arbeit verhalten würde.

Da die Ertragstafeln aber in erster Linie für die Bedürfnisse
der Praxis bestimmt sind, so glaubte ich die Zahlen des Vereinsbeschlusses, obwohl ich an dessen Abfassung lebhaften Antheil
gehabt habe, den neuen Tafeln nicht unverändert zu Grunde
legen zu dürfen. Desshalb ist bei diesen eine modificirte Scala von
600, 500, 400, 300 und 200 fm Gesammtmasse im hundertjährigen
Alter angenommen worden, so dass wenigstens die IV. und V.
Bonität den Bestimmungen des Vereinsbeschlusses entsprechen.
Um jedoch die erstrebte einheitliche Bonitirung für ganz Deutschland anzubahnen, habe ich noch eine dem Vereinsbeschluss entsprechende, etwas abgekürzte Ertragstafel berechnet, in welcher
aber die I. Bonität fehlt. Die Tafel ist als Tabelle V beige-
geben. Den folgenden Erörterungen wird ausschliesslich nur die
Theilung in fünf Bonitäten zu Grunde gelegt werden.

Als die Abgrenzung der Bonitäten im 100jährigen Alter vorgenommen war, handelte es sich darum, eine Reihe von Weiserbeständen für die Ableitung der Oberhöhencurven zu finden.
Zu diesem Zweck wurden unter Anhalt an die allgemeine Richtung, welche durch Curvenstücke der wiederholten Aufnahmen
angedeutet war, von den Grenzpunkten aus, welche auf der
Ordinate für das 100jährige Alter in der oben angegebenen
Weise bestimmt worden waren, die Theilungslinien der einzelnen
Bonitäten rückwärts bis zur Ordinate für 80 Jahre und vorwärts
bis zu der für 120 Jahre vorläufig gezogen, was als erste An-
näherung mit genügender Genauigkeit ohne Bedenken möglich war.

Die hiedurch den einzelnen Bonitäten in der Altersperiode
80—120 Jahre vorläufig zugewiesenen Bestände wurden in
der von mir bei Aufstellung der hessischen Ertragstafeln angegebenen Weise zur Construction der Oberhöhencurven benutzt.
Die Lage derselben war für die einzelnen Bonitäten im Alter
100 durch die Oberhöhen jener Bestände bestimmt, welche

nach ihrer Masse den für die verschiedenen Bonitäten angenommenen Mittelwerthen am besten entsprachen. Zur Bestimmung ihres Verlaufes in den übrigen Altersstufen wurden ausser den Ergebnissen der Höhenanalysen der Weiserbestände auch jene der übrigen Bestände benutzt, welche mit jenen annähernd übereinstimmten.

Aus den Oberhöhen ergaben sich alsdann in einfacher Weise die Mittelhöhencurven.

Hierbei ist hervorzuheben, dass die Mittelhöhen dieses Mal bereits dem neuen Beschluss des V. d. f. V. A. gemäss nicht aus dem arithmetischen Mittel der einzelnen Modellstämme, sondern nach der Formel $\dfrac{g_1\,h_1 + g_2\,h_2\ldots}{g_1 + g_2\ldots}$ berechnet sind, wodurch sie um 0,3—0,9 m erhöht wurden. Die Differenz zwischen Mittelhöhe und Oberhöhe ist, wie nachstehende Zusammenstellung ergibt, infolgedessen geringer, als seiner Zeit Weise und ich in unseren mehrfach genannten Arbeiten gefunden haben.

Verhältniss von Oberhöhe zur Mittelhöhe.

Mittel-höhe m	Ober-höhe m	Differenz dm	Mittel-höhe m	Ober-höhe m	Differenz dm	Mittel-höhe m	Ober-höhe m	Differenz dm
5	5,1	1	15	15,8	8	25	25,8	9
6	6,2	2	16	16,8	8	26	26,8	9
7	7,2	2	17	17,9	9	27	27,8	8
8	8,3	3	18	18,9	9	28	28,7	8
9	9,4	4	19	19,9	10	29	29,7	7
10	10,5	5	20	21,0	10	30	30,6	6
11	11,5	5	21	22,0	10	31	31,6	5
12	12,6	6	22	23,0	10	32	32,5	5
13	13,6	6	23	23,9	10	33	33,4	4
14	14,7	7	24	24,9	9			

Die so erhaltenen Mittelhöhencurven wurden hierauf durch Vergleichung mit den aus wiederholten Aufnahmen gewonnenen Curvenstücken geprüft, wobei sich zeigte, dass erstere nur ganz unbedeutender Correcturen bedurften, um mit letzteren übereinzustimmen. Tafel I zeigt das Verhältniss der definitiven Höhencurven zu diesen Curvenstücken, lässt aber auch ersehen, warum letztere nicht allein zur Construction der Höhencurven benutzt wurden. Ihre Anzahl war, namentlich in der IV. und V. Bonität, zu gering, und die Grösse derselben, d. h. der Zeitraum, während welchem diese ständigen Ertragsprobeflächen beobachtet wurden, noch zu unbedeutend.

2*

Es mussten deshalb die Ergebnisse der einmaligen und neuen Aufnahmen noch in ausgedehnterem Mass zur Construction der Ertragstafeln benützt werden, als dieses der Fall sein wird, wenn die ständigen Ertragsprobeflächen längere Zeit beobachtet sein werden.

Da durch meine frühere Arbeit über die Kiefer für Hessen nachgewiesen war, dass dort ein gesetzmässiger Zusammenhang zwischen Höhe und Masse bestehe, und eine vorläufige Prüfung das gleiche Verhältniss auch für Preussen bestätigt hatte, so wurden nach Ziehung der Grenzcurven zwischen den einzelnen Bonitäten die verschiedenen Bestände nach der Höhe bonitirt.

Diejenigen Bestände, welche bei der Construction der Oberhöhencurven benutzt worden waren und eben damit bewiesen hatten, dass sie einen ähnlichen Wachsthumsgang hatten wie die in der oben angegebenen Form ausgewählten, ungefähr 100jährigen Weiserbestände, sind alsdann auch zur Ermittlung der übrigen Elemente für die Ertragstafeln: Gesammtmassen-, Derbholz-, Kreisflächen- und Stammzahlcurven herangezogen worden. Die zu Beständen verschiedener Bonitäten gehörigen Punkte wurden in allen Fällen mit verschiedener Farbe aufgetragen, alsdann die Curvenstücke der wiederholten Aufnahmen gezogen und, unter Berücksichtigung ihres Verlaufes, zuerst die Grenzcurven und sodann die Mittelcurven construirt. Bei der Gesammtmasse mussten letztere natürlich durch die den Massen 600, 500, 400, 300, 200 fm im Alter 100 entsprechenden Ordinatenpunkte gehen; bezüglich der übrigen Elemente gaben die Durchschnitte aus den zuerst angenommenen Weiserbeständen einen vortrefflichen Anhalt für die Bestimmung der Lage der betreffenden Curvenpunkte. Dabei zeigte sich in erfreulicher Weise, dass die so berechneten Punkte stets sehr gut in der Mitte der zugehörigen farbigen Zone lagen.

Nach Festlegung der Grenz- und Mittelcurven und der dadurch entstandenen Bildung von zehn Zonen war es möglich, zu untersuchen, inwieweit der oben angenommene Zusammenhang zwischen Höhe und Masse bestehe, indem ermittelt wurde, welcher Zone jede Aufnahme nach Höhe und nach Masse angehöre.

Das Resultat war, dass von den 176 Positionen, welche den Ertragstafeln bezüglich des Hauptbestandes zu Grunde liegen, 109 nach Höhe und Masse der gleichen Zone, 66 den benachbarten angehören, eine einzige dagegen etwas weiter abweicht. Zieht man auch die nicht vollständig normalen Bestände mit in Betracht, so liegen 118 nach Höhe und Masse in den gleichen, 71 in benachbarten Zonen und 23 weiter aus einander.

Mit Rücksicht hierauf kann wohl als Regel angenommen werden, dass auch in der norddeutschen Tiefebene bei der Kiefer für das gleiche Alter der grösseren Höhe die grössere Masse entspricht und demgemäss die Höhe als ein sehr guter Weiser für die Bonität betrachtet werden darf.

Vollständig zutreffend gilt dieses für die Bestände etwa vom 30jährigen Alter an aufwärts; in den jüngeren Altern sind die Differenzen der Mittelhöhen für die einzelnen Bonitäten zu gering, und macht sich der Einfluss der Bestandesbegründungsart für die Entwicklung noch in zu bedeutendem Mass geltend, um mit voller Sicherheit die Höhe allein als Bonitätsweiser benutzen zu können.

Die durch die Mittel- und Grenzcurven gebildeten Zonen boten auch eine gute Gelegenheit, den mittels der Höhen- und Massencurven dargestellten Wachsthumsgang der Ertragstafeln durch den thatsächlichen, wie er sich bei den wiederholten Aufnahmen herausgestellt hat, zu prüfen. Hierbei zeigte sich, dass von den 49 Beständen, deren beide Aufnahmen ohne Beanstandung für die Aufstellung der Tafeln verwandt werden konnten, nach der Höhe 36 und nach der Masse 40 in der gleichen Zone fortgewachsen sind, während 13 bez. 9 in die benachbarte Zone hinübergriffen, dass grössere Abweichungen dagegen überhaupt nicht vorkamen. Wenn man das gesammte Material berücksichtigt, so entsprechen von 68 Beständen der Höhe nach 50 und der Masse nach 53 durchaus dem Gange der Ertragstafeln, was jedenfalls als ein vollständig befriedigendes Resultat angesehen werden darf.

Zu einem gleich günstigen Ergebniss gelangt man, wenn der factische Zuwachsgang, welcher sich nach den wiederholten Aufnahmen ergibt, mit den Angaben der Tafel unter Anwendung des Verfahrens verglichen wird, dessen sich Lorey[1]) bei Bearbeitung seiner zweiten Aufnahmen der Fichtenertragsprobeflächen Württembergs bedient hat.

Derselbe sagt dort: „Hat ein Bestand im Alter a_1 (bei der ersten Aufnahme) die Masse m_1, während die diesem Alter entsprechende Masse der Ertragstafel $= \mu_1$ ist, so müsste, wenn der Bestand analog der für die betreffende Bonität construirten Ertragscurve zugewachsen wäre, nach der Regel, dass dann der Reductionsfactor $\dfrac{m_1}{\mu_1}$ in Wirksamkeit zu treten hat, die Masse bis

---

[1]) Lorey, Ertragsuntersuchungen in Fichtenbeständen, Supplem. z. Forst- u. Jagdzeitung, XII. Bd., p. 30 ff.

zum Alter a_2 (zweite Aufnahme) sich erhöht haben auf den Betrag:

$$m_2 = \mu_2 \cdot \frac{m_1}{\mu_1},$$

worin μ_2 die dem Alter a_2 entsprechende Tafelmasse bedeutet."

Die folgenden beiden Tabellen II und III sind nach diesem Princip aufgestellt und zeigen sowohl für die Höhe, als für die Gesammtmasse (Derbholz und Reisholz) die Abweichung vom berechneten Soll (Tafelmasse) in absolutem Mass. Eine Berechnung der entsprechenden Procente habe ich dagegen unterlassen, da deren Grösse nicht nur durch die bestehenden Differenzen, sondern auch den Betrag der Massen bez. Höhen bedingt wird, auf welche der Procentsatz zu beziehen ist. Bei gleicher Massenabweichung in verschiedenen Altersstufen mit dem nämlichen Zuwachs würde sich für die höheren Alter wegen der grösseren Massen ein geringerer Fehler berechnen, als für die jüngeren.

Vergleichung der Höhen. Tabelle II.

Nr. des Bestandes	I. Aufnahme Alter (Jahre)	I. Aufnahme Höhe (m)	II. Aufnahme Alter (Jahre)	II. Aufnahme Höhe (m)	Tafel-Höhe (m)	Differenz + (m)	Differenz − (m)
I. Bonität.							
3/4	32	13,8	44	19,1	17,9	1,2	—
5/6	34	13,1	45	16,5	16,5	—	—
7/8	36	14,3	46	16,9	17,4	—	0,5
9/10	38	14,2	50	18,7	17,7	1,0	—
11/12	41	17,6	53	19,4	21,4	—	2,0
13/14	42	16,4	52	19,4	19,3	0,1	—
15/16	46	17,7	57	19,8	20,6	—	0,8
19/20	52	20,5	62	24,1	23,1	1,0	—
22/23	60	20,0	71	23,1	22,3	0,8	—
25/26	66	23,5	77	26,0	25.3	0,7	—
28/29	80	24,7	91	25,4	26,3	—	0,9
II. Bonität.							
35/36	27	9,6	38	13,8	13,1	0,7	—
42/43	38	12,5	49	16,1	15,6	0,5	—
44/45	38	14,2	48	17,2	17,4	—	0,2
46/47	40	13,9	51	18,3	17,2	1,1	—
52/53	48	16,5	59	19,6	19,2	0,4	—
54/55	50	17,0	60	19,1	19,2	—	0,1
56/57	50	17,3	61	19,2	19,7	—	0,5
59/60	53	17,0	64	19,0	19,2	—	0,2
61/62	57	18,4	68	22,4	20,5	1,9	—
64/65	63	19,5	75	22,3	21,7	0,6	—
66/67	67	19,5	78	22,6	21,4	1,2	—
69/70	71	21,5	81	22,5	23,1	—	0,6
72/73	77	22,1	88	24,3	23,6	0,7	—
77/78	92	25,2	103	26,1	26,7	—	0,6
79/80	95	26,6	106	26,8	28,0	—	1,2
86/87	128	29,0	139	30,0	29,8	0,2	—

Nr. des Bestandes	I. Aufnahme Alter (Jahre)	I. Aufnahme Höhe (m)	II. Aufnahme Alter (Jahre)	II. Aufnahme Höhe (m)	Tafel-Höhe (m)	Differenz + (m)	Differenz − (m)
III. Bonität.							
94/95	27	8,2	38	11,6	11,5	0,1	—
97/98	30	10,2	40	12,8	13,7	—	0,9
99/100	34	10,3	45	13,1	13,2	—	0,1
101/102	35	9,3	46	12,6	11,9	0,7	—
105/106	51	12,7	61	14,7	14,2	0,5	—
107/108	55	15,3	67	16,5	17,3	—	0,8
109/110	56	16,4	68	19,0	18,5	0,5	—
111/112	56	16,7	68	18,7	19,8	—	1,1
113/114	57	17,0	67	20,0	19,2	0,8	—
115/116	59	17,3	70	19,2	19,4	—	0,2
117/118	60	17,3	70	19,1	19,1	—	—
120/121	64	16,2	76	18,6	18,1	0,5	—
122/123	72	18,2	83	19,8	19,9	—	0,1
124/125	78	20,1	89	21,8	21,9	—	0,1
126/127	86	19,2	95	20,2	20,4	—	0,2
128/129	87	19,6	98	20,5	21,0	—	0,5
IV. Bonität.							
140/141	38	8,1	48	10,7	10,1	0,6	—
145/146	55	13,3	66	14,6	15,2	—	0,6
151/152	69	13,0	79	15,3	14,3	1,0	—
157/158	78	16,3	90	17,7	17,6	0,1	—
159/160	91	14,9	101	15,5	16,0	—	0,5
161/162	91	15,9	101	16,8	17,1	—	0,3

Vergleichung der Gesammtmasse.

Linke Tabelle

Nr. des Be-standes	I. Aufnahme		II. Aufnahme		Tafel-Masse	Differenz fm	
	Alter Jahre	Masse fm	Alter Jahre	Masse fm	fm	+	—

I. Bonität.

Nr. des Be-standes	Alter Jahre	Masse fm	Alter Jahre	Masse fm	Tafel-Masse fm	+	—
3/4	32	250	44	366	338	28	—
5/6	34	277	45	326	359	—	33
7/8	36	295	46	322	369	—	47
9/10	38	311	50	380	395	—	15
11/12	41	347	53	393	428	—	35
13/14	42	340	52	436	404	32	—
15/16	46	358	57	422	420	2	—
19/20	52	394	62	478	449	29	—
22/23	60	436	71	482	490	—	8
25/26	66	443	77	509	490	19	—
28/29	80	492	91	521	531	—	10

II. Bonität.

Nr. des Be-standes	Alter Jahre	Masse fm	Alter Jahre	Masse fm	Tafel-Masse fm	+	—
35/36	27	195	38	259	275	—	16
42/43	38	256	49	331	323	8	—
44/45	38	283	48	359	351	8	—
46/47	40	273	51	356	341	15	—
52/53	48	313	59	357	374	—	17
54/55	50	324	60	381	378	3	—
56/57	50	343	61	396	406	—	10
59/60	53	343	64	396	400	—	4
61/62	57	376	68	435	431	4	—
64/65	63	383	75	431	435	—	4
66/67	67	407	78	462	450	12	—
69/70	71	437	81	425	476	—	51
72/73	77	437	88	473	475	—	2
77/78	92	537	103	591	568	23	—
79/80	95	570	106	612	603	9	—
86/87	128	660	139	724	681	43	—

Rechte Tabelle

Nr. des Be-standes	I. Aufnahme		II. Aufnahme		Tafel-masse	Differenz fm	
	Alter Jahre	Masse fm	Alter Jahre	Masse fm	fm	+	—

III. Bonität.

Nr. des Be-standes	Alter Jahre	Masse fm	Alter Jahre	Masse fm	Tafel-masse fm	+	—
94/95	27	168	38	221	241	—	20
97/98	30	194	40	231	257	—	6
99/100	34	199	45	273	257	16	—
101/102	35	184	46	233	234	—	1
105/106	51	231	61	265	267	—	2
107/108	55	254	67	308	295	13	—
109/110	56	282	68	332	326	6	—
111/112	56	292	68	331	338	—	7
113/114	57	324	67	370	365	5	—
115/116	59	333	70	382	379	3	—
117/118	60	338	70	397	378	19	—
120/121	64	265	76	310	296	14	—
122/123	72	313	83	364	342	22	—
124/125	78	350	89	419	383	36	—
126/127	86	363	95	423	385	38	—
128/129	87	328	98	366	350	16	—

IV. Bonität.

Nr. des Be-standes	Alter Jahre	Masse fm	Alter Jahre	Masse fm	Tafel-masse fm	+	—
140/141	38	125	48	186	158	28	—
145/146	55	245	66	250	285	—	35
151/152	69	249	79	282	274	8	—
157/158	78	291	90	325	317	8	—
159/160	91	255	101	297	267	30	—
161/162	91	256	101	302	268	34	—

Das Resultat dieser Zusammenstellung ist folgendes:

a) Bezüglich der Höhe.

Die Zahl der Abweichungen beträgt

für Bonität: I II III IV im Ganzen

nach der positiven Seite 6 9 6 3 23

„ „ negativen „ 4 7 9 3 24

In zwei Fällen stimmt der wirkliche Zuwachs mit dem Soll vollständig überein.

Die Grösse der gesammten Abweichung ist im Durchschnitt pro Fläche

für Bonität: I II III IV

nach der positiven Seite 4,5 m 7,3 m 3,1 m 1,7 m 0,72 m

„ „ negativen „ 4,2 „ 3,4 „ 4,0 „ 1,4 „ 0,54 „

Die Abweichung bewegt sich zwischen:

0 — 1,0 m in 42 Fällen = 86 % der Gesammtzahl

1,1 — 1,9 „ „ 7 „ = 14 % „ „

b) Bezüglich der Masse.

Hier beträgt die Zahl der Abweichungen

für Bonität: I II III IV im Ganzen

nach der positiven Seite 5 9 11 5   30

„ „ negativen „ 6 7 5 1   19

Die Abweichung in Festmetern ausgedrückt ist

für Bonität: I II III IV   im Durchschnitt pro Fläche

nach der positiven Seite 110 125 148 108   16,4

„ „ negativen „ 148 106 26 35   17,1

Die Abweichung bewegt sich

zwischen 0—20 fm in 34 Fällen = 70 % der Gesammtzahl

„ 21—40 „ „ 13 „ = 27 „ „ „

über 41 fm (max. 51 „) „ 2 „ = 3 „ „ „

Die Höhencurven der Ertragstafel entsprechen hiernach gewiss dem factischen Wachsthumsgang in wünschenswerther Weise; auch bezüglich der Massencurven dürfte dieses zuzugestehen sein, wenn man berücksichtigt, dass die Abweichungen nach der positiven und nach der negativen Seite sich fast vollkommen ausgleichen und die Differenz für 70 % aller Fälle während der ganzen Beobachtungszeit geringer ist als 20 fm. Angesichts dieser Ergebnisse liesse sich höchstens bei rigoroser Prüfung die Meinung aussprechen, dass die Ertragscurve für III. und IV. Bonität in den höheren Altersstufen etwas steiler ansteigen dürfte. Wenn ich mir aber die vier Flächen, welche hierbei hauptsächlich in Betracht kommen (124, 126, 159 und 161), von denen der letztgenannte ein Bestand auf Moorboden ist und desshalb schon einen etwas abweichenden Wachsthumsgang zeigt, nach ihrem örtlichen Befund vergegenwärtige, so glaube ich den anderen Gründen, die für den Verlauf der Ertragscurven massgebend gewesen sind, dennoch einen überwiegenden Einfluss einräumen zu müssen.

Es darf ferner nicht unberücksichtigt bleiben, dass sich auch der gegen früher veränderte Durchforstungsbetrieb in dem Wachsthumsgange der Probeflächen geltend macht und zwar naturgemäss am stärksten in der Periode unmittelbar nach Anlage derselben.

Dass die Höhencurven besser stimmen als die Massencurven, erklärt sich dadurch, dass bei der Feststellung der ersteren auch die Ergebnisse der Höhenanalysen benutzt werden konnten, welche für eine längere Periode den Entwicklungsgang des Bestandes verfolgen lassen, während für die Massencurven nur eine ungenügende Anzahl von relativ kurzen Curvenstücken zur Verfügung stand, und bei ihrer Ermittlung hauptsächlich die Ergebnisse von Einzelaufnahmen benutzt werden mussten. Ausserdem sind aber die Fehlergrenzen für die Bestimmung der Mittelhöhen concreter Bestände erheblich geringer, als für Ermittlung der Massen derselben.

Nach einer dritten und vierten Aufnahme derselben Flächen werden Curvenstücke gezeichnet werden können, in welchen die bei jeder Einzelaufnahme unvermeidlichen Fehler ausgeglichen sind. Es ist zu erwarten, dass alsdann auch die Abweichungen der Curvenstücke von den jetzt gefundenen Massencurven sehr viel geringer sein werden, und erhebliche Correcturen der letzteren kaum notwendig werden dürften.

Ich stimme der von Lorey l. c. p. 50 ausgesprochenen Ansicht bei, dass eine drei-, höchstens viermalige Aufnahme vollständig ausreichen wird, um genaue Massen- bez. Höhencurven zu erzielen. Die Arbeit wird sich späterhin dadurch sehr vereinfachen, dass sich die Aufnahmen, wenigstens die nächsten, ohne Fällung von Probestämmen nur unter Anwendung des Formzahlverfahrens durchführen lassen werden.

Einem vielseitig geäusserten und sehr berechtigten Wunsche gemäss habe ich geglaubt, den Ertragstafeln auch eine Uebersicht der Zwischennutzungserträge beigeben zu müssen. Man konnte zweifelhaft sein, ob dieses in einer besonderen Zusammenstellung oder in der eigentlichen Ertragstafel geschehen sollte. Da der laufendjährige Zuwachs aber, wie u. a. R. Hartig kürzlich[1]) bemerkt, nur aus der Vermehrung des Hauptbestandes und dem inzwischen erfolgten periodischen Abgang richtig berechnet werden kann, so habe ich den letztgenannten Weg gewählt, obwohl die Haupttabelle dadurch ziemlich umfangreich geworden ist.

Es gibt zwei Methoden, die Zwischennutzungserträge zu ermitteln, nämlich die directe Beobachtung des Massenanfalles und die Ableitung desselben aus dem periodischen Abgang an der Stammzahl.

Bei meiner Ertragstafel für Hessen habe ich eine Berechnung der Zwischennutzungserträge unterlassen, weil ich die erstgenannte Methode für die zweckmässigere gehalten habe, auch haben die

---

[1]) Hartig-Weber, Das Holz der Rothbuche, 1888, p. 18.

damals allein vorliegenden ersten Durchforstungen bei der Anlage der Probeflächen wegen des bisherigen oft mangelhaften und zu verschiedenen Durchforstungsbetriebes keine vergleichbaren Resultate ergeben.

Als jedoch jetzt die betreffenden Auszüge aus den Lagerbüchern gemacht waren, zeigte sich, dass, wie oben bereits bemerkt, die bisherige Buchführung keineswegs ausreicht, um einen guten Anhalt für die Grösse der Zwischennutzungserträge zu gewinnen. Die Zahlen, welche so erhalten wurden, entbehrten jeder Gesetzmässigkeit, so dass eine Ausgleichung derselben auf graphischem Wege nicht möglich war; dieselbe würde nur zu einer rein willkürlichen Construction von Curven geführt haben. Die früher besprochene Numerirung der Stämme auf den Probeflächen wird allein einen exacten Nachweis des periodischen Abganges ermöglichen, und soll sie deshalb von jetzt ab in grösserem Umfang auf den preussischen Versuchsflächen vorgenommen werden.

Da so der erste Weg zur Ermittlung der Vornutzungserträge nicht gangbar war, entschloss ich mich, die andere, in neuerer Zeit von R. Hartig (l. c.) und Schuberg[1]) empfohlene und auch von Weise[2]) angewandte Methode zu benützen, ohne die Schattenseite derselben zu verkennen, welche darin besteht, dass das relativ am unsichersten zu bestimmende Element der Ertragstafeln, nämlich die Stammzahl, die Hauptrolle spielt.

Die Zahl der Stämme des periodischen Abganges war aus den Stammzahlen des Hauptbestandes leicht abzuleiten. Es handelte sich also nur noch darum, die Masse des jeweiligen Mittelstammes zu berechnen, wofür die seit der Anlage regelmässig behandelten Probeflächen die Materialien in ausreichender Weise boten. Es ist nämlich in den Lagerbüchern für jede seit der Anlage vorgenommene Durchforstung der mittlere Durchmesser des herausgenommenen Nebenbestandes, sowie die mittlere Höhe desselben eingetragen.

Durch graphische Interpolation war es daher leicht, aus diesen Notizen für jede Bonität und die einzelnen Altersstufen die mittleren Höhen und Durchmesser der Durchforstungsstämme zu berechnen. Bezüglich der Formzahl gewährte die Bestandesformzahl der Ertragstafel den nöthigen Anhalt, da durch eine vorläufige Unter-

---

1) Schuberg, Aus deutschen Forsten I, Die Weisstanne 1888, p. 123.
2) Weise, Ertragstafeln für die Kiefer, 1880, p. 132 ff.

suchung das von Schuberg[1]) für die Tanne gefundene Resultat, dass die Derbholzformzahlen des Haupt- und Nebenbestandes nahezu gleich sind, die Baumformzahlen des Nebenbestandes aber gegen jene des Hauptbestandes um ziemlich genau 5 % zurückstehen, auch für die Kiefer als zutreffend nachgewiesen worden war.

Die Nichtberücksichtigung des periodischen Abganges für das Alter unter 25 bez. 30 Jahren rechtfertigt sich durch den Hinweis darauf, dass das betreffende Material zur Zeit wohl nur äusserst selten vom Waldeigenthümer genutzt wird, sondern theils verfault, theils den Leseholzsammlern anheimfällt. Ausserdem ist die Stammzahl gerade für die jüngsten Alter ungemein schwankend und sehr von der Begründungsweise abhängig, ein Unterschied, der nach dem 30. Jahre sehr rasch verschwindet. Man hätte unter diesen Umständen die betreffenden Curven rein willkürlich verlängern müssen, was ich sowohl aus principiellen Gründen, als auch wegen der Geringfügigkeit der betreffenden Beträge (höchstens 10 bis 20 fm) unterlassen habe.

(Siehe Tabelle IV und V S. 28—37.)

III. Resultate.

Als das interessanteste Ergebniss der umstehenden Ertragstafeln dürfte hervorzuheben sein, dass dieselben meine bei Bearbeitung der hessischen Ertragstafeln ausgesprochene Ansicht über die Nothwendigkeit der Ausscheidung von Wachsthumsgebieten vollkommen bestätigt haben.

Die diesbezüglichen Resultate lassen sich kurz in folgenden Sätzen zusammenfassen.

1) Die Kiefernbestände der norddeutschen Tiefebene unterscheiden sich von jenen des mittleren und noch mehr des südlichen Deutschlands dadurch, dass die gleichen Massen bei gleichem Alter dort mit geringerer Kreisflächensumme bez. Stammzahl und grösserer Höhe producirt werden als hier; die Bestandesbaumformzahlen sind in jenen meist niedriger als in diesen.

2) Die Kiefer producirt unter den günstigeren klimatischen Verhältnissen in Süd- und Mitteldeutschland bei gleichem Alter auf den besten Standorten grössere Massen als in Nordostdeutschland.

Der Beweis hierfür soll im Nachstehenden geführt werden.

---

[1]) Schuberg, Die Weisstanne p. 47.

Normal-

für die Kiefer in der

I. Bonität.

Alter	Stammzahl	Stammgrundfläche	Ober- Höhe	Mittel- Höhe	Jährlicher Höhenzuwachs der Mittelhöhe		Mittlerer Durchmesser	Masse			Formzahl		Periodischer	
					laufender	durchschnittlicher		Derbholz	Reisholz	Derb- und Reisholz	Derbholz	Baum	Stammzahl	Stammgrundfläche
Jahre		qm	m				cm	fm						qm
10	—	—	3,7	3,7	—	0,37	—	—	70	70	—	—	—	—
15	—	17,4	6,6	6,4	0,52	0,43	—	30	82	112	271	1,006	—	—
20	4240	24,8	9,3	8,9	0,48	0,44	8,6	67	87	154	304	698	—	—
25	3365	29,4	11,7	11,2	0,44	0,45	10,5	110	87	197	334	598	875	3,32
30	2690	32,8	14,0	13,3	0,40	0,44	12,5	157	84	241	361	552	675	3,18
35	2155	35,4	16,0	15,2	0,36	0,43	14,5	206	76	282	383	524	535	3,14
40	1740	37,5	17,8	16,9	0,32	0,42	16,6	250	70	320	394	506	415	3,11
45	1415	39,2	19,4	18,4	0,29	0,41	18,8	288	67	355	399	492	325	3,06
50	1160	40,6	20,8	19,8	0,27	0,40	21,1	322	65	387	400	481	255	2,99
55	965	41,8	22,0	21,1	0,25	0,39	23,5	353	64	417	401	473	195	2,92
60	820	42,8	23,2	22,3	0,23	0,39	25,8	382	63	445	401	467	145	2,81
65	715	43,6	24,3	23,4	0,21	0,37	27,9	409	62	471	401	462	105	2,63
70	640	44,3	25,2	24,4	0,19	0,35	29,7	434	61	495	401	458	75	2,44
75	585	44,9	26,1	25,3	0,18	0,34	31,3	457	60	517	401	455	55	2,19
80	545	45,5	27,0	26,2	0,17	0,33	32,6	478	59	537	401	451	40	1,93
85	515	46,0	27,8	27,0	0,16	0,32	33,7	497	58	555	400	447	30	1,70
90	490	46,5	28,5	27,8	0,15	0,31	34,8	514	57	571	398	442	25	1,50
95	468	47,0	29,2	28,5	0,14	0,30	35,8	529	57	586	395	437	22	1,37
100	448	47,5	29,9	29,2	0,13	0,29	36,7	543	57	600	391	433	20	1,24
105	430	47,9	30,5	29,8	0,12	0,29	37,6	556	57	613	389	429	18	1,14
110	414	48,3	31,0	30,4	0,11	0,28	38,5	568	57	625	387	426	16	1,07
115	399	48,7	31,5	30,9	0,10	0,28	39,4	580	57	637	385	423	15	1,00
120	385	49,1	31,9	31,4	0,09	0,27	40,3	591	57	648	383	421	14	0,96
125	372	49,5	32,3	31,8	0,08	0,26	41,2	602	57	659	382	420	13	0,91
130	360	49,8	32,6	32,2	0,07	0,25	42,0	613	57	670	382	419	12	0,89
135	349	50,1	32,9	32,5	0,05	0,24	42,8	623	57	680	382	418	11	0,86
140	339	50,4	33,1	32,7	0,05	0,23	43,5	633	57	690	382	417	10	0,84

Tabelle IV.

Ertragstafel

norddeutschen Tiefebene.

Abgang					Hauptbestand und periodischer Abgang				Massenzuwachs								Alter
Masse			Summe der Vorerträge		Gesammtmasse		Per. Abgang in % der Gesammtmasse		durchschnittl. jährlicher				laufender jährlicher				
									des Hauptbestandes		der Gesammtmasse		der Gesammtmasse				
Derbholz	Reisholz	Derb- und Reisholz	Derbholz	Derb- und Reisholz	Derbholz	Derb- und Reisholz	Derbholz	Derb- und Reisholz	Derbholz	Derb- und Reisholz	Derbholz	Derb- und Reisholz	Derbholz		Derb- und Reisholz		
fm					fm		%		fm				fm	%	fm	%	Jahre
—	—	—	—	—	—	70	—	—	—	7,0	—	7,0	—	—	7,0	10,6	10
—	—	—	—	—	30	112	—	—	2,0	7,5	2,0	7,5	6,7	20,0	8,4	7,5	15
—	—	—	—	—	67	154	—	—	3,3	7,7	3,3	7,7	9,0	12,0	10,1	6,0	20
10	6	16	10	16	120	213	8,3	7,5	4,4	7,9	4,8	8,5	11,2	9,1	12,0	5,5	25
12	5	17	22	33	179	274	12,4	12,0	5,2	8,0	6,0	9,1	12,1	6,7	12,0	4,4	30
13	5	18	35	51	241	333	14,5	15,3	5,9	8,1	6,9	9,5	12,4	6,0	11,6	3,5	35
15	4	19	50	70	300	390	16,6	18,0	6,2	8,0	7,5	9,8	11,4	3,9	11,2	2,9	40
17	3	20	67	90	355	445	18,9	20,2	6,4	7,9	7,9	9,9	10,8	3,1	10,8	2,4	45
19	2	21	86	111	408	498	21,4	22,3	6,4	7,7	8,2	10,0	10,4	2,6	10,5	2,1	50
20	2	22	106	133	459	550	23,1	24,2	6,4	7,6	8,3	10,0	10,0	2,2	10,2	1,8	55
20	2	22	126	155	508	600	24,8	25,8	6,4	7,4	8,5	10,0	9,5	1,9	9,7	1,6	60
19	2	21	145	176	554	647	26,2	27,2	6,3	7,2	8,5	10,0	9,0	1,6	9,2	1,4	65
19	2	21	164	197	598	692	27,4	28,5	6,2	7,1	8,5	9,9	8,4	1,4	8,6	1,2	70
17	2	19	181	216	638	733	28,4	29,5	6,1	6,9	8,5	9,8	7,7	1,2	7,8	1,1	75
16	1	17	197	233	657	770	29,2	30,3	6,0	6,7	8,4	9,6	7,1	1,1	7,1	0,9	80
15	1	16	212	249	709	804	29,9	31,0	5,8	6,5	8,3	9,5	6,4	0,9	6,4	0,8	85
13	1	14	225	263	739	834	30,4	31,4	5,7	6,3	8,2	9,2	5,7	0,8	5,8	0,7	90
12	1	13	237	276	766	862	30,9	32,0	5,6	6,2	8,1	9,1	5,2	0,7	5,4	0,6	95
11	1	12	248	288	791	888	31,4	32,4	5,4	6,0	7,9	8,9	4,8	0,6	5,0	0,6	100
10	1	11	258	299	814	912	31,7	32,8	5,3	5,8	7,8	8,7	4,5	0,6	4,7	0,5	105
10	1	11	268	310	836	935	32,0	33,0	5,2	5,7	7,6	8,5	4,3	0,5	4,5	0,5	110
9	1	10	277	320	857	957	32,3	33,4	5,0	5,5	7,5	8,3	4,1	0,5	4,3	0,5	115
9	1	10	286	330	877	978	32,6	33,7	4,9	5,4	7,3	8,2	3,9	0,4	4,1	0,4	120
8	1	9	294	339	896	998	32,8	34,0	4,8	5,3	7,2	8,0	3,8	0,4	4,0	0,4	125
8	1	9	302	348	915	1018	33,0	34,2	4,7	5,2	7,0	7,8	3,7	0,4	3,9	0,4	130
8	1	9	310	357	933	1037	33,2	34,4	4,6	5,0	6,9	7,7	3,6	0,4	3,8	0,4	135
8	1	9	318	366	951	1056	33,4	34,7	4,5	4,9	6,8	7,6	3,5	0,3	3,7	0,4	140

Alter	Stamm-zahl	Stamm-grund-fläche	Ober-Höhe	Mit-tel-Höhe	Jährlicher Höhenzuwachs der Mittelhöhe laufender	durch-schnitt-licher	Mitt-lerer Durch-messer	Masse Derb-holz	Reis-holz	Derb- und Reis-holz	Formzahl Derb-holz	Baum	Periodischer Stamm-zahl	Stamm-grund-fläche
Jahre		qm			m		cm		fm					qm

II. Bonität.

Alter	Stammzahl	Stammgrundfläche	Oberhöhe	Mittelhöhe	laufender	durchschnittlicher	Mittlerer Durchmesser	Masse Derbholz	Reisholz	Derb- und Reisholz	Formzahl Derbholz	Baum	Per. Stammzahl	Per. Stammgrundfläche
10	—	—	2,7	2,7	—	0,27	—	—	51	51	—	—	—	—
15	—	11,5	4,9	4,8	0,43	0,32	—	20	65	85	353	1,540	—	—
20	5290	18,5	7,2	7,0	0,43	0,35	6,7	47	73	120	360	927	—	—
25	4310	23,5	9.5	9,1	0,41	0,36	8,3	79	76	155	369	725	980	2,86
30	3530	27,0	11,6	11,1	0,38	0,37	9,9	114	75	189	380	631	780	2,90
35	2890	29,8	13,6	12,9	0,34	0,37	11,5	151	71	222	393	577	640	2,95
40	2370	32,1	15,3	14,5	0,30	0,36	13,1	188	66	254	404	547	520	2,97
45	1950	34,1	16,7	15,9	0,27	0,35	14,9	223	62	285	409	525	420	3,03
50	1610	35,8	18,1	17,2	0,25	0,34	16,8	255	95	314	412	509	340	3,05
55	1340	37,2	19,4	18,4	0,23	0,34	18,8	284	57	341	414	498	270	3,02
60	1130	38,3	20,5	19,5	0,21	0,33	20,8	310	56	366	416	490	210	2,89
65	970	39,1	21,5	20,5	0,19	0,32	22,7	334	55	389	418	485	160	2,69
70	850	39,7	22,4	21,4	0,17	0,31	24,4	356	54	410	419	483	120	2,46
75	760	40,2	23,2	22,2	0,16	0,30	26,0	376	53	429	420	480	90	2,16
80	690	40,7	23,9	23,0	0,15	0,29	27,4	394	52	446	421	476	70	1,85
85	635	41,1	24,7	23,7	0,14	0,28	28,7	410	51	461	421	472	55	1,63
90	591	41,5	25,3	24,4	0,14	0,27	29,9	424	51	475	419	468	44	1,45
95	555	41,9	25,9	25,1	0,13	0,27	31,0	437	51	488	416	464	36	1,30
100	525	42,3	26,5	25,7	0,12	0,26	32,0	449	51	500	413	460	30	1.18
105	499	42,6	27,1	26,3	0,12	0,25	33,0	460	51	511	410	456	26	1,10
110	476	42,9	27,7	26,9	0,11	0,25	33,9	470	51	521	407	452	23	1,01
115	455	43,2	28,2	27,4	0,10	0,24	34,9	480	51	531	405	448	21	0,94
120	436	43,5	28,6	27,9	0,09	0,23	35,7	489	51	540	403	445	19	0,89
125	418	43,7	29,0	28,3	0,08	0,23	36,5	498	51	549	402	443	18	0,85
130	401	43,9	29,4	28,7	0,07	0,22	37,3	506	51	557	402	442	17	0,81
135	385	44,1	29,7	29,0	0,06	0,22	38,1	514	51	565	402	442	16	0,78
140	370	44,2	30,0	29,3	0,06	0,21	38,9	521	51	572	402	442	15	0,75

III. Bonität.

Alter	Stammzahl	Stammgrundfläche	Oberhöhe	Mittelhöhe	laufender	durchschnittlicher	Mittlerer Durchmesser	Masse Derbholz	Reisholz	Derb- und Reisholz	Formzahl Derbholz	Baum	Per. Stammzahl	Per. Stammgrundfläche
10	—	—	1,7	1,7	—	0,17	—	—	38	38	—	—	—	—
15	—	—	3,4	3,4	0,46	0,23	—	4	60	64	—	—	—	—
20	6500	14.1	5,4	5,3	0,40	0,27	5,6	23	70	93	312	1,111	—	—

Abgang					Hauptbestand und periodischer Abgang				Massenzuwachs								Alter
Masse			Summe der Vorerträge		Gesammt-masse		Per Abgang in % der Gesammtmasse		durchschnittl. jährlicher				laufender jährlicher				
									des Haupt-bestandes		der Ge-sammtmasse		der Gesammtmasse				
Derb-holz	Reis-holz	Derb- und Reis-holz	Derb-holz	Derb- und Reis-holz	Derb-holz	Derb- und Reis-holz	Derb-holz	Derb- und Reis-holz	Derb-holz	Derb- und Reis-holz	Derb-holz	Derb- und Reis-holz	Derbholz		Derb- und Reisholz		
fm			fm		fm		%		fm				fm	%	fm	%	Jahre
—	—	—	—	—	—	51	—	—	—	5,1	—	5,1	—	—	5,1	11,9	10
—	—	—	—	—	20	85	—	—	1,3	5,7	1,3	5,7	4,7	20,0	6,9	8,1	15
—	—	—	—	—	.47	120	—	—	2,4	6,0	2,4	6,0	6,6	12,5	8,4	6,6	20
7	7	14	7	14	86	169	8,1	8,3	3,2	6,2	3,4	6,8	8,3	9,4	9,8	5,8	25
9	6	15	16	29	130	218	12,3	13,3	3,8	6,3	4,3	7,3	9,2	7,0	9,8	4,5	30
11	5	16	27	45	178	267	15,2	16,9	4,3	6,3	5,2	7,6	9,8	5,5	9,9	3,7	35
13	4	17	40	62	228	316	17,5	19,6	4,7	6,4	5,7	7,9	10,0	4,4	9,9	3,1	40
15	4	19	55	81	278	366	19,8	22,1	5,0	6,4	6,2	8,1	9,6	3,5	9,8	2,7	45
17	3	20	72	101	327	415	22,2	24,3	5,1	6,3	6,5	8,3	9,7	3,0	9,7	2,3	50
19	2	21	91	122	375	463	24,3	26,3	5,2	6,2	6,8	8,4	9,6	2,6	9,4	2,0	55
19	2	21	110	143	420	509	26,2	28,1	5,2	6,1	7,0	8,5	8,7	2,1	8,9	1,8	60
18	2	20	128	163	462	552	27,7	29,5	5,1	6,0	7,1	8,5	8,2	1,8	8,3	1,5	65
18	1	19	146	182	502	592	29,1	30,7	5,1	5,9	7,2	8,5	7,6	1,5	7,6	1,3	70
16	1	17	162	199	538	628	30,1	31,7	5,0	5,7	7,2	8,4	6,8	1,2	6,8	1,1	75
14	1	15	176	214	570	660	30,9	32,4	4,9	5,6	7,1	8,3	6,1	1,1	6,1	0,9	80
13	1	14	189	228	599	689	31,6	33,1	4,8	5,4	7,0	8,1	5,5	0,9	5,9	0,8	85
12	1	13	201	241	625	716	32,2	33,5	4,7	5,3	6,9	8,0	5,0	0,8	5,2	0,7	90
11	1	12	212	253	649	741	32,7	34,1	4,6	5,1	6,8	7,8	4,6	0,7	4,8	0,6	95
10	1	11	222	264	671	764	33,1	34,6	4,5	5,0	6,7	7,6	4,2	0,6	4,4	0,6	100
9	1	10	231	274	691	785	33,4	34,9	4,4	4,9	6,6	7,5	3,8	0,6	4,0	0,5	105
8	1	9	239	283	709	804	33,7	35,2	4,3	4,7	6,4	7,3	3,6	0,5	3,8	0,5	110
8	1	9	247	292	727	823	34,0	35,5	4,2	4,6	6,3	7,2	3,4	0,5	3,6	0,4	115
7	1	8	254	300	743	840	34,2	35,7	4,1	4,5	6,2	7,0	3,2	0,4	3,4	0,4	120
7	1	8	261	308	759	857	34,4	35,9	4,0	4,4	6,1	6,9	3,1	0,4	3,3	0,4	125
7	1	8	268	316	774	873	34,6	36,2	3,9	4,3	6,0	6,7	3,0	0,4	3,2	0,4	130
7	1	8	275	324	789	889	34,9	36,4	3,8	4,2	5,8	6,6	2,8	0,4	3,0	0,3	135
6	1	7	281	331	802	903	35,0	36,6	3,7	4,1	5,7	6,5	2,7	0,3	2,9	0,3	140
—	—	—	—	—	—	38	—	—	—	3,8	—	3,8	—	—	4,5	10,8	10
—	—	—	—	—	4	64	—	—	0,3	4,3	0,3	4,3	2,3	20,0	5,5	8,5	15
—	—	—	—	—	23	93	—	—	1,1	4,7	1,1	4,7	5,2	17,3	7,4	7,3	20

Alter		Hauptbestand											Periodischer	
	Stammzahl	Stammgrundfläche	Ober-	Mittel	Jährlicher Höhenzuwachs der Mittelhöhe		Mittlerer Durchmesser	Masse			Formzahl		Stammzahl	Stammgrundfläche
					laufender	durchschnittlicher		Derbholz	Reisholz	Derb und Reisholz	Derbholz	Baum		
			Höhe											
Jahre		qm			m		cm	fm						qm
								III. Bonität						
25	5380	19,4	7,5	7,4	0,39	0,30	6,9	52	75	127	362	885	1120	2,42
30	4460	23,4	9,4	9,2	0,33	0,31	8,2	84	74	158	388	734	920	2,56
35	3700	26,4	11,2	10,7	0,28	0,30	9,5	115	71	186	408	658	760	2,71
40	3070	28,6	12,6	12,0	0,24	0,30	10,9	146	65	211	425	615	630	2,77
45	2550	30,2	13,8	13,1	0,21	0,29	12,3	173	61	234	438	592	520	2,83
50	2120	31,4	14,9	14,1	0,19	0,28	13,8	198	57	255	448	576	430	2,87
55	1770	32,4	15,8	15,0	0,18	0,28	15,3	221	53	274	455	563	350	2,83
60	1490	33,2	16,7	15,9	0,17	0,27	16,8	242	50	292	459	553	280	2,77
65	1270	33,9	17,6	16,7	0,16	0,26	18,4	261	48	309	460	545	220	2,60
70	1100	34,5	18,4	17,5	0,16	0,25	20,0	278	47	325	459	537	170	2,37
75	970	35,1	19,2	18,3	0,16	0,24	21,4	293	47	340	456	529	130	2,11
80	870	35,6	20,0	19,1	0,15	0,24	22,8	307	47	354	452	521	100	1,85
85	790	36,1	20,8	19,8	0,14	0,23	24,1	320	47	367	448	513	80	1,63
90	730	36,5	21,5	20,5	0,14	0,23	25,2	332	47	379	443	505	60	1,45
95	680	36,9	22,2	21,2	0,14	0,22	26,3	343	47	390	438	498	50	1,29
100	638	37,2	22,8	21,9	0,13	0,22	27,3	353	47	400	433	491	42	1,16
105	602	37,5	23,4	22,5	0,12	0,22	28,2	362	47	409	429	485	36	1,06
110	570	37,7	24,0	23,1	0,11	0,21	29,1	370	47	417	425	479	32	0,97
115	540	37,9	24,5	23,0	0,10	0,21	29,9	377	47	424	421	473	30	0,91
120	512	38,0	25,0	24,1	0,09	0,20	30,7	384	47	431	417	467	28	0,85
								IV. Bonität.						
10	—	—	1,0	1,0	0,17	0,10	—	—	24	24	—	—	—	—
15	—	—	2,2	2,2	0,27	0,15	—	—	41	41	—	—	—	—
20	—	9,2	3,8	3,7	0,32	0,19	—	6	54	60	185	1,763	—	—
25	7410	15,1	5,5	5,4	0,32	0,22	5,3	22	59	81	274	993	—	—
30	5980	19,2	7,1	6,9	0,28	0,23	6,5	43	60	103	325	777	1430	2,71
35	4870	22,1	8,5	8,2	0,24	0,23	7,7	65	61	126	359	695	1110	2,82
40	3980	24,3	9,7	9,3	0,21	0,23	8,9	89	59	148	394	655	980	2,82
45	3270	26,0	10,8	10,3	0,19	0,23	10,1	115	54	169	429	631	710	2,76
50	2710	27,3	11,8	11,2	0,17	0,22	11,3	139	50	189	455	618	560	2,64
55	2270	28,3	12,7	12,0	0,16	0,22	12,6	160	47	207	471	609	440	2,52
60	1930	29,1	13,5	12,8	0,15	0,21	13,8	178	45	223	478	600	340	2,42

(Fortsetzung).

Abgang: Masse Derbholz (fm)	Masse Reisholz (fm)	Masse Derb- und Reisholz (fm)	Summe der Vorerträge Derbholz (fm)	Summe der Vorerträge Derb- und Reisholz (fm)	Hauptbestand und periodischer Abgang: Gesammtmasse Derbholz (fm)	Gesammtmasse Derb- und Reisholz (fm)	Per. Abgang in % der Gesammtmasse Derbholz	Per. Abgang in % der Gesammtmasse Derb- und Reisholz	Massenzuwachs durchschnittl. jährlicher des Hauptbestandes Derbholz (fm)	des Hauptbestandes Derb- und Reisholz (fm)	der Gesammtmasse Derbholz (fm)	der Gesammtmasse Derb- und Reisholz (fm)	laufender jährlicher der Gesammtmasse Derbholz fm	Derbholz %	Derb- und Reisholz fm	Derb- und Reisholz %	Alter Jahre
4	7	11	4	11	56	138	7,1	8,0	2,1	5,1	2,2	5,5	7,2	12,2	8,8	6,4	25
7	5	12	11	23	95	181	11,6	12,7	2,8	5,3	3,2	6,0	7,9	8,3	8,5	4,7	30
9	5	14	20	37	135	223	14,8	16,6	3,3	5,3	3,9	6,2	8,1	6,0	8,2	3,7	35
10	5	15	30	52	176	263	17,0	19,8	3,6	5,3	4,4	6,4	8,0	4,6	7,9	3,0	40
12	4	16	42	68	215	302	19,5	22,5	3,9	5,2	4,8	6,7	7,8	3,6	7,7	2,6	45
14	3	17	56	85	254	340	22,1	25,0	4,0	5,1	5,1	6,8	7,7	3,0	7,5	2,2	50
15	3	18	71	103	292	377	24,3	27,3	4,0	5,0	5,3	6,9	7,5	2,6	7,4	2,0	55
16	3	19	87	122	329	414	26,7	29,5	4,0	4,9	5,5	6,9	7,2	2,2	7,2	1,7	60
16	2	18	103	140	364	449	28,3	31,2	4,0	4,7	5,6	6,9	6,7	1,8	6,8	1,5	65
15	2	17	118	157	396	482	29,8	32,6	4,0	4,6	5,7	6,9	6,1	1,5	6,4	1,3	70
14	2	16	132	173	425	513	31,1	33,7	3,9	4,5	5,7	6,8	5,6	1,3	5,9	1,2	75
13	1	14	145	187	452	541	32,1	34,6	3,8	4,4	5,6	6,8	5,2	1,1	5,4	1,0	80
12	1	13	157	200	477	567	32,9	35,3	3,8	4,3	5,6	6,7	4,7	1,0	4,9	0,9	85
10	1	11	167	211	499	590	33,5	35,8	3,7	4,2	5,5	6,6	4,2	0,9	4,4	0,8	90
9	1	10	176	221	519	611	34,0	36,2	3,6	4,1	5,5	6,4	3,9	0,8	4,1	0,7	95
9	1	10	185	231	538	631	34,4	36,6	3,5	4,0	5,4	6,3	3,6	0,7	3,8	0,6	100
8	1	9	193	240	555	649	34,8	37,0	3,4	3,9	5,3	6,2	3,2	0,6	3,4	0,5	105
7	1	8	200	248	570	665	35,1	37,3	3,4	3,8	5,2	6,0	2,9	0,5	3,1	0,5	110
7	1	8	207	256	584	680	35,4	37,6	3,3	3,7	5,1	5,9	2,7	0,5	2,9	0,4	115
6	1	7	213	263	597	694	35,7	37,9	3,2	3,6	5,0	5,8	2,5	0,4	2,7	0,3	120
—	—	—	—	—	—	24	—	—	—	2,4	—	2,4	—	—	2,9	11,2	10
—	—	—	—	—	—	41	—	—	—	2,7	—	2,7	—	—	3,6	8,8	15
—	—	—	—	—	6	60	—	—	0,3	3,0	0,3	3,0	2,2	20,0	4,0	7,7	20
—	—	—	—	—	22	81	—	—	0,9	3,2	0,9	3,2	4,0	11,1	5,4	6,6	25
3	8	11	3	11	46	114	6,5	9,7	1,4	3,4	1,5	3,8	5,2	10,8	6,8	5,9	30
6	6	12	9	23	74	149	12,1	15,4	1,9	3,6	2,1	4,3	6,0	7,9	7,0	4,7	35
8	5	13	17	36	106	184	16,0	19,6	2,2	3,7	2,6	4,6	6,8	6,3	6,9	3,8	40
10	3	13	27	49	142	218	19,0	22,5	2,6	3,8	3,2	4,9	7,1	5,0	6,8	3,1	45
11	3	14	38	63	177	252	21,5	25,0	2,8	3,8	3,5	5,0	6,7	3,8	6,6	2,6	50
11	3	14	49	77	209	284	23,5	27,1	2,9	3,8	3,8	5,2	6,1	2,9	6,2	2,2	55
11	3	14	60	91	238	314	25,2	29,0	3,0	3,7	4,0	5,2	5,5	2,3	5,8	1,8	60

Schwappach, Kiefer.

Alter	Hauptbestand												Periodischer	
	Stammzahl	Stammgrundfläche	Ober-	Mittel-	Jährlicher Höhenzuwachs der Mittelhöhe laufender	durchschnittlicher	Mittlerer Durchmesser	Masse Derbholz	Reisholz	Derb- und Reisholz	Formzahl Derbholz	Baum	Stammzahl	Stammgrundfläche
			Höhe											
Jahre	qm		m				cm	fm						qm
						IV. Bonität								
65	1670	29,7	14,3	13,5	0,14	0,20	15,0	193	44	237	481	591	200	2,26
70	1470	30,2	15,0	14,2	0,14	0,20	16,2	206	43	249	480	581	200	2,05
75	1300	30,6	15,7	14,9	0,13	0,20	17,3	217	43	260	478	571	170	1,84
80	1170	30,9	16,4	15,5	0,12	0,19	18,3	227	43	270	475	564	130	1,62
85	1060	31,1	17,0	16,1	0,12	0,19	19,3	236	43	279	471	557	110	1,45
90	965	31,3	17,6	16,7	0,12	0,18	20,3	244	43	287	467	549	95	1,31
95	885	31,5	18,2	17,3	0,12	0,18	21,3	251	43	294	471	539	80	1,21
100	815	31,7	18,8	17,9	0,12	0,18	22,3	257	43	300	453	529	70	1,11
105	753	31,9	19,4	18,5	0,11	0,18	23,3	262	43	305	444	517	62	1,03
110	699	32,0	20,0	19,0	0,10	0,17	24,2	266	43	309	437	508	56	0,95
115	648	32,1	20,5	19,5	0,10	0,17	25,1	270	43	313	431	500	51	0,89
120	601	32,2	21,0	20,0	0,10	0,17	26,0	274	43	317	425	492	47	0,84
						V. Bonität.								
10	—	—	0,7	0,7	0,10	0,07	—	—	14	14	—	—	—	—
15	—	—	1,3	1,3	0,13	0,08	—	—	24	24	—	—	—	—
20	—	—	2,0	2,0	0,20	0,10	—	—	35	35	—	—	—	—
25	—	8,3	3,3	3,3	0,25	0,13	—	3	42	45	120	1,643	—	—
30	8000	13,4	4,5	4,5	0,22	0,15	4,9	13	44	57	225	945	—	—
35	6730	16,6	5,5	5,5	0,19	0,15	5,6	26	45	71	285	778	1270	1,89
40	5640	18,8	6,5	6,4	0,17	0,16	6,5	41	47	88	349	731	1090	2,02
45	4690	20,4	7,3	7,2	0,15	0,16	7,4	58	45	103	433	701	950	2,09
50	3970	21,6	8,1	7,9	0,14	0,16	8,3	74	43	117	455	686	720	2,03
55	3370	22,5	8,9	8,6	0,13	0,16	9,2	88	42	130	469	674	600	1,93
60	2880	23,2	9,6	9,2	0,12	0,15	10,1	100	42	142	485	665	490	1,75
65	2420	23,7	10,3	9,8	0,12	0,15	11,1	111	42	153	493	658	460	1,64
70	2070	24,1	10,9	10,4	0,12	0,15	12,1	122	41	163	492	650	350	1,49
75	1800	24,4	11,5	11,0	0,12	0,15	13,0	131	41	172	489	641	270	1,34
80	1600	24,6	12,1	11,6	0,11	0,15	13,9	139	41	180	486	631	200	1,18
85	1440	24,8	12,7	12,1	0,10	0,14	14,8	145	41	186	484	621	160	1,10
90	1300	24,9	13,2	12,6	0,10	0,14	15,6	151	40	191	479	610	140	1,04
95	1180	25,0	13,7	13,1	0,09	0,14	16,4	156	40	196	476	600	120	0,99
100	1070	25,1	14,2	13,5	0,08	0,13	17,2	160	40	200	472	590	110	0,96

Abgang					Hauptbestand und periodischer Abgang				Massenzuwachs								Alter
Masse			Summe der Vorerträge		Gesammtmasse		Per. Abgang in % der Gesammtmasse		durchschnittl. jährlicher				laufender jährlicher				
									des Hauptbestandes		der Gesammtmasse		der Gesammtmasse				
Derbholz	Reisholz	Derb- und Reisholz	Derbholz	Derb- und Reisholz	Derbholz	Derb- und Reisholz	Derbholz	Derb- und Reisholz	Derbholz	Derb- und Reisholz	Derbholz	Derb- und Reisholz	Derbholz fm	Derbholz %	Derb- und Reisholz fm	Derb- und Reisholz %	
fm					fm		%		fm				fm	%	fm	%	Jahre
11	3	14	71	105	264	342	26,9	30,7	3,0	3,6	4,1	5,3	5,0	1,9	5,3	1,6	65
11	2	13	82	118	288	367	28,5	32,2	2,9	3,6	4,1	5,2	4,5	1,6	4,8	1,3	70
10	2	12	92	130	309	390	29,8	33,3	2,9	3,5	4,1	5,2	4,1	1,3	4,4	1,1	75
10	1	11	102	141	329	411	31,0	34,3	2,8	3,4	4,1	5,1	3,8	1,2	4,0	1,0	80
9	1	10	111	151	347	430	32,0	35,1	2,8	3,3	4,1	5,0	3,4	1,0	3,6	0,8	85
8	1	9	119	160	363	447	32,8	35,8	2,7	3,2	4,0	5,0	3,1	0,9	3,3	0,7	90
8	1	9	127	169	378	463	33,6	36,5	2,6	3,1	4,0	4,9	2,8	0,8	3,0	0,6	95
7	1	8	134	177	391	477	34,3	37,1	2,6	3,0	3,9	4,8	2,5	0,7	2,7	0,6	100
7	1	8	141	185	403	490	35,0	37,7	2,5	2,9	3,8	4,7	2,2	0,6	2,4	0,5	105
6	1	7	147	192	413	501	35,6	38,3	2,4	2,8	3,8	4,6	2,0	0,5	2,2	0,4	110
6	1	7	153	199	423	512	36,2	38,9	2,3	2,7	3,7	4,5	1,9	0,4	2,1	0,4	115
5	1	6	158	205	432	522	36,6	39,3	2,3	2,6	3,6	4,4	1,8	0,3	2,0	0,3	120
—	—	—	—	—	—	14	—	—	—	1,4	—	1,4	—	—	1,7	10,1	10
—	—	—	—	—	—	24	—	—	—	1,6	—	1,6	—	—	2,1	8,6	15
—	—	—	—	—	—	35	—	—	—	1,8	—	1,8	—	—	2,1	6,0	20
—	—	—	—	—	3	45	—	—	0,1	1,8	0,1	1,8	1,3	20,0	2,6	5,8	25
—	—	—	—	—	13	57	—	—	0,4	1,9	0,4	1,9	2,5	16,1	3,2	5,6	30
1	5	6	1	6	27	77	7,2	7,8	0,7	2,0	0,8	2,2	3,4	11,3	4,4	5,2	35
4	3	7	5	13	46	101	12,7	12,9	1,0	2,2	1,2	2,5	4,1	8,4	4,7	4,6	40
5	3	8	10	21	68	124	16,0	17,0	1,3	2,3	1,5	2,8	4,4	6,4	4,5	3,6	45
6	2	8	16	29	90	146	18,7	19,9	1,5	2,3	1,8	2,9	4,2	4,6	4,3	2,9	50
6	2	8	22	37	110	167	20,7	22,2	1,6	2,4	2,0	3,0	3,8	3,4	4,1	2,4	55
6	2	8	28	45	128	187	22,5	24,1	1,7	2,4	2,1	3,1	3,5	2,8	3,9	2,1	60
6	2	8	34	53	145	206	24,0	25,7	1,7	2,4	2,2	3,2	3,4	2,3	3,7	1,8	65
6	2	8	40	61	162	224	25,2	27,2	1,7	2,3	2,3	3,2	3,1	1,9	3,4	1,5	70
5	2	7	45	68	176	240	26,0	28,3	1,7	2,3	2,4	3,2	2,7	1,5	3,1	1,3	75
5	2	7	50	75	189	255	26,8	29,4	1,7	2,3	2,4	3,2	2,3	1,2	2,7	1,1	80
4	2	6	54	81	199	267	27,5	30,4	1,7	2,2	2,4	3,1	2,0	1,0	2,3	0,9	85
4	2	6	58	87	209	278	28,1	31,3	1,7	2,1	2,3	3,1	1,9	0,9	2,2	0,8	90
4	2	6	62	93	218	289	28,8	32,2	1,6	2,1	2,3	3,0	1,7	0,8	2,1	0,7	95
4	2	6	66	99	226	299	29,5	33,0	1,6	2,0	2,3	3,0	1,5	0,7	2,0	0,6	100

(Fortsetzung).

Bonitäten nach dem Beschluss des Vereins der forstlichen Versuchsanstalten.

Tabelle V.

Alter	Stamm-zahl	Kreis-fläche	Mittlerer		Masse			Formzahl	
			Durch-messer	Höhe	Derb-holz	Reisig	Summe	Derb-holz	Baum
Bonität II.									
10	—	—	—	3,2	—	62	62	—	—
20	4710	21,6	7,6	7,9	58	80	138	340	809
30	3070	29,9	11,1	12,2	136	80	216	373	592
40	1980	34,8	15,0	15,7	220	68	288	403	527
50	1370	38,2	18,8	18,6	290	62	352	408	495
60	970	40,5	23,0	21,0	348	59	407	409	479
70	740	42,0	26,9	23,0	396	57	453	410	469
80	615	43,1	29,9	24,7	436	55	491	410	460
90	535	44,0	32,3	26,2	469	54	523	407	452
100	485	44,8	34,3	27,5	496	54	550	403	445
110	445	45,5	36,0	28,6	519	54	573	399	440
120	410	46,1	37,8	29,5	540	54	594	396	437
130	380	46,7	39,6	30,2	559	54	613	394	435
140	355	47,2	41,2	30,8	577	54	631	392	434
Bonität III.									
10	—	—	—	1,9	—	41	41	—	—
20	6230	15,0	5,5	5,6	28	70	98	333	1,167
30	4230	24,1	8,5	9,6	90	74	164	389	709
40	2920	29,3	11,3	12,5	154	65	219	420	598
50	2000	32,3	14,3	14,7	209	57	266	440	560
60	1410	34,2	17,6	16,6	255	52	307	449	541
70	1040	35,5	20,9	18,3	293	49	342	451	526
80	830	36,6	23,7	19,9	324	48	372	444	511
90	700	37,5	26,1	21,4	350	48	398	436	496
100	610	38,2	28,2	22,8	372	48	420	427	482
110	545	38,7	30,1	24,0	390	48	438	420	472
120	495	39,1	31,7	25,0	405	48	453	414	464
130	460	39,5	33,2	25,8	417	48	465	409	457
Bonität IV.									
10	—	—	—	1,0	—	24	24	—	—
20	—	9,2	—	3,7	6	54	60	185	1,763
30	5980	19,2	6,5	6,9	43	60	103	325	0,777
40	3980	24,3	8,9	9,3	89	59	148	394	655
50	2710	27,3	11,3	11,2	139	50	189	455	618
60	1930	29,1	13,8	12,8	178	45	223	478	600
70	1470	30,2	16,2	14,2	206	43	249	480	581
80	1170	30,9	18,3	15,5	227	43	270	475	564
90	965	31,3	20,3	16,7	244	43	287	467	549
100	815	31,7	22,3	17,9	257	43	300	453	529
110	699	32,0	24,2	19,0	266	43	309	437	508
120	601	32,2	26,0	20,0	274	43	317	425	492

Alter	Stamm-zahl	Kreis-fläche	Mittlerer		Masse			Formzahl	
			Durch-messer	Höhe	Derb-holz	Reisig	Summe	Derb-holz	Baum
Bonität V.									
10	—	—	—	0,7	—	—	—	—	—
20	—	—	—	2,0	—	35	35	—	—
30	8000	13,4	4,9	4,5	13	44	57	225	945
40	5640	18,8	6,5	6,4	41	47	88	349	731
50	3970	21,6	8,3	7,9	74	43	117	455	686
60	2880	23,2	10,1	9,2	100	42	142	485	665
70	2070	24,1	12,1	10,4	122	41	163	492	650
80	1600	24,6	13,9	11,6	139	41	180	486	631
90	1300	24,9	15,6	12,6	151	40	191	479	610
100	1070	25,1	17,2	13,5	160	40	200	472	590

ad 1. Ein vollständig exactes Bild des verschiedenen Wachsthumsganges der Bestände lässt sich aus den vorliegenden Ertragstafeln deshalb schwer liefern, weil in diesen ungleiche Massen für die einzelnen Bonitäten bei gleichem Alter angegeben sind und dieselben auch oft ziemlich frühzeitig abschliessen. Es ist deshalb nothwendig, theilweise auf einzelne Bestandesaufnahmen zurückzugreifen, namentlich bei Bayern und Württemberg, für welche Staaten keine besonderen Ertragstafeln aufgestellt sind. Diese Einzelaufnahmen lassen sich zwar mit den Durchschnittswerthen der Ertragstafeln nur unvollkommen vergleichen, ich glaube aber doch, dass die nachstehenden Zahlen genügen werden, um meine Behauptung zu bestätigen. Die Angaben für Sachsen sind aus Kunze, Beiträge zur Kenntniss des Ertrages der Kiefer[1]), jene für Württemberg aus der bereits mehrfach citirten Schrift von Speidel, jene für Bayern aus der von Weise und die für Hessen aus meiner Arbeit entnommen.

Im Folgenden sind für das Alter 100 mit den Angaben der von mir entworfenen preussischen Ertragstafel jene Zahlen der übrigen Tafeln bez. Einzelaufnahmen zusammengestellt, welche denselben bezüglich der Masse und des Alters am nächsten kommen.

Wuchsgebiet	Stamm-zahl	Kreis-flächen-summe qm	Mittel-höhe m	Masse an Derb- und Reisholz fm	Be-standes-baum-formzahl
I. Bonität.					
Preussen	448	47,5	29,2	600	433
Sachsen	—	—	27,1	610	—
Hessen Best. Nr. 95, 101j.	585	53,2	22,3	570	481

---

[1]) Tharander forstliches Jahrbuch, 1884, p. 119.

Wuchsgebiet	Stamm-zahl	Kreis-flächen-summe qm	Mittel-höhe m	Masse an Derb- und Reisholz fm	Be-standes-baum-formzahl
II. Bonität.					
Preussen	525	42,3	25,7	500	460
Sachsen	—	—	23,0	512	—
Sachsen Best. Nr. 39, 95j.	865	43,2	20,8	493	549
Hessen	525	49,6	21,0	501	481
Württemberg Best. Nr. 50, 95j.	705	43,0	21,3	459	501
„ Best. Nr. 52, 110j.	755	51,5	21,3	527	478
Bayern Best. Nr. 108, 95j.	576	45,2	23,5	508	478
III. Bonität.					
Preussen	638	37,2	21,9	400	491
Sachsen	—	—	18,9	414	—
Hessen (reducirt)	—	43,2	17,0	373	507
Bayern Best. Nr. 104, 96j.	762	38,0	19,2	398	546
IV. Bonität.					
Preussen	815	31,7	17,9	300	529
Sachsen	—	—	14,8	314	—
Sachsen Best. Nr. 2b, 90j.	1328	31,02	14,5	277	616
V. Bonität.					
Preussen	1070	25,1	13,5	200	590
Sachsen	—	—	10,7	217	—
Bayern Best. Nr. 118, 90j.	1539	26,6	13,0	200	578

Die Thatsache, dass in verschiedenen Gegenden Deutschlands der Antheil der massenbildenden Factoren an der Production unter sonst übereinstimmenden Voraussetzungen nicht gleich ist, erklärt zur Genüge, warum Weise bei seinen Versuchen, einen gesetzmässigen Zusammenhang zwischen Masse und Höhe oder Kreisfläche nachzuweisen, zu einem negativen Resultat gekommen ist, abgesehen davon, dass verschiedene der von ihm benutzten Probeflächen nicht als normal angesehen werden können.

R. Hartig hat (l. c. p. 10) mit vollem Recht hervorgehoben, dass die Bestandeshöhe nur innerhalb der gleichen Waldgebiete als ein Massstab für die Ertragsgrösse verwerthet werden könne. Ich habe oben für Preussen und früher bereits für Hessen den Nachweis geliefert, dass bei den Kiefern Höhe und Masse mit einander in einem gesetzmässigen Zusammenhang stehen. Man würde jedoch wegen der vorher erörterten Verhältnisse zu unrichtigen Resultaten kommen, wenn man aus den hessischen Höhen einen Schluss auf die preussischen Massen oder umgekehrt ziehen wollte.

Durch Einführung der Richthöhe in seine Untersuchungen hat Weise die Verschiedenheit des Wachsthumsganges in den einzelnen grösseren Waldgebieten verdunkelt, weil, wie oben angegeben, meist der kleineren Höhe die grössere Bestandes-Baumformzahl entspricht und umgekehrt.

Eine Untersuchung darüber, ob der Wachsthumsgang während der ganzen Lebensdauer der Bestände in den verschiedenen Gegenden Deutschlands ein ungleichartiger ist, lässt sich mit dem vorliegenden Material nicht vollständig durchführen.

ad 2. Ich habe bereits oben p. 17 mitgetheilt, dass zur Aufstellung von Tafeln für die I. Bonität im Sinne der Vereinbarungen des Vereins der forstlichen Versuchsanstalten das Material in Preussen fehlt. Aber es ist interessant, auch noch die Maximalwerthe an und für sich zu vergleichen. Von den 212 Aufnahmen, welche in Tabelle I enthalten sind, haben nur drei eine Masse von mehr als 700 fm (Nr. 31: 133j. 849 fm, Nr. 32: 134j. 781 fm, Nr. 87 139j. 724 fm).

Von diesen liegen aber zwei (Nr. 31 von Schöneiche bei Breslau und Nr. 87 von Tornau bei Bitterfeld) an der Südgrenze des zu betrachtenden Gebietes und nur der Bestand Nr. 32 im Herzen desselben, nämlich in Grünfelde an der Grenze der verrufenen Tuchler Heide.

Dagegen hat Hessen, obwohl dort überhaupt so alte Bestände wie in Preussen fehlen, unter 127 Positionen zwei mit mehr als 700 fm (Nr. 53 87j. 712 fm und Nr. 53 110j. 825 fm). Speidel führt für Württemberg unter 62 Beständen drei solche auf mit einem Maximum von **922** fm! ebenso Weise für Bayern unter 69 vier mit Massen von 872, 804, 712 und 710 fm.

Noch charakteristischer ist der Umstand, dass bei der graphischen Darstellung sämmtlicher Aufnahmergebnisse jene drei Bestände ganz isolirt hervortreten, während alle übrigen dicht beisammen liegen und niedereren, gut geschlossenen Massenreihen angehören.

Die nächste Frage, welche sich aufdrängt, ist wohl die, welches Verhältniss zwischen den neuen Ertragstafeln und den von Weise bearbeiteten besteht. Zur Beantwortung derselben habe ich in der folgenden Uebersicht für die Alter: 60, 80, 100 und 120 die beiderseitigen Daten nach Bonitäten geordnet unter einander gestellt, wobei die Weise'schen mit „W", die meinigen mit „S" bezeichnet sind.

Boni-tät	Autor	Alter 60				Alter 80				Alter 100				Alter 120			
		M	G	H	f	M	G	H	f	M	G	H	f	M	G	H	f
I {	W.	472	42,3	22,1	505	569	44,3	26,0	494	637	44,8	28,5	499	684	44,8	30,0	509
	S.	445	42,8	22,3	467	537	45,5	26,2	451	600	47,5	29,2	433	648	49,1	31,4	421
II {	W.	379	38,4	18,2	542	448	40,2	22,3	500	496	40,9	25,2	481	534	41,0	27,0	482
	S.	366	38,3	19,5	490	446	40,7	23,0	476	500	42,3	25,7	460	540	43,5	27,9	445
III {	W.	284	32,8	15,4	562	346	34,8	19,1	521	390	35,5	21,5	511	420	35,5	23,0	514
	S.	292	33,2	15,9	553	354	35,6	19,1	521	400	37,2	21,9	491	431	38,0	24,1	467
IV {	W.	235	29,7	12,9	613	279	32,0	15,9	548	—	—	—	—	—	—	—	—
	S.	223	29,1	12,8	600	270	30,9	15,5	564	—	—	—	—	—	—	—	—
V {	W.	187	26,0	10,7	672	223	28,5	13,0	602	—	—	—	—	—	—	—	—
	S.	142	23,2	9,2	665	180	24,6	11,6	631	—	—	—	—	—	—	—	—

Die Vergleichung dieser Zahlen ergibt zunächst, dass die Massen der I. und V. Bonität bei Weise sämmtlich höher sind als die von mir gefundenen, dass diejenigen der übrigen Bonitäten aber recht gut mit einander harmoniren.

Bezüglich der Höhen tritt bei Berücksichtigung des Umstandes, dass meine Mittelhöhen infolge der verschiedenen Berechnungsart stets ungefähr um ca. 0,5 m grösser sind als jene von Weise ein durchgreifender Unterschied nicht hervor.

Die Kreisflächen sind in den oberen vier Bonitäten für die Alter 60 und 80 in beiden Fällen nahezu gleich, in den höheren Altern liegen aber die Weise'schen Zahlen nicht unwesentlich tiefer; in der V. Bonität bleiben dagegen meine Kreisflächen entsprechend den Massen erheblich hinter den Weise'schen zurück.

Die bedeutendsten Abweichungen zeigen sich bezüglich der Formzahlen, indem die von mir berechneten nur in zwei Fällen höher liegen (IV. und V. Bonität im Alter 80) als die Weise'schen, und ihnen in einem weiteren Fall (III. Bonität, Alter 80) gleich werden, sonst aber durchgehends geringer sind.

Diese Resultate erklären sich vollständig, wenn man einen Blick auf die Zusammensetzung des von Weise benutzten Materiales wirft. Von den 396 Erhebungen, welche Weise zur Verfügung gestanden sind, entfallen nämlich 282 = 72%, und von den 155 Beständen über 80 Jahren sogar 128 = 83% auf Preussen. Es ist infolgedessen natürlich, dass die preussischen Verhältnisse den mächtigsten Einfluss auf die Gestaltung jener Ertragstafeln ausgeübt haben. Am deutlichsten tritt dieses bei den mittleren Bonitäten hervor, wo wir beide wenigstens bezüglich der Massen trotz der verschiedenen Methode der Aufstellung und eines grossentheils verschiedenen Grundlagenmaterials zu fast genau den gleichen Resultaten gelangt sind. Die grössere Masse der I. Bonität bei Weise ist wesentlich eine Folge der Einwirkung der süddeutschen Bestände, während sich die geringe Masse der V. Bonität meiner Tafeln dadurch erklärt, dass die betreffenden Aufnahmen fast sämmtlich erst in den beiden letzten Jahren auf Grund meiner sorgfältigen örtlichen Auswahl, welche von den Lokalbehörden in der entgegenkommendsten Weise unterstützt wurde, erfolgten, und Massenermittlungen auf den geringsten Kiefernböden in genügender Anzahl Weise daher gefehlt haben.

Die anderweitigen Verschiedenheiten sind ausser auf den Einfluss der süd- und mitteldeutschen Bestände hauptsächlich auf das abweichende Verfahren bei der Construction der Ertragstafeln zurückzuführen. In den höheren Altersklassen hat wohl auch noch der Umstand mitgewirkt, dass in Preussen ein erheblicher Theil der betreffenden Flächen damals nicht zu ständigen Probeflächen eingerichtet, sondern nach dem Kahlhiebsverfahren behandelt worden ist. Die Auswahl der letzteren hat aber durch das Verwaltungspersonal stattgefunden, und machten sich hierbei naturgemäss die abweichenden Ansichten bezüglich der Normalität am meisten geltend.

Dass bei der Combination so verschiedenartigen und theilweise ziemlich ungleichwerthigen Materiales die Formzahlen wegen ihrer Abhängigkeit von drei verschiedenen Grössen die bedeutendsten Differenzen zeigen, ist nur zu begreiflich.

Was weiter die Ergebnisse der Tafeln bezüglich des Wachsthumsganges im Speciellen betrifft, so lassen sich dieselben in Kürze wie folgt zusammenfassen:

1) Die Betrachtung der Culmination des Massenzuwachses gibt durch Einführung der Vornutzung ein wesentlich anderes Bild als bei den bisherigen Tafeln, und zwar in der Richtung, dass der Eintritt derselben hinausgeschoben wird.

Das Maximum des laufendjährlichen Massenzuwachses tritt nämlich ein:

	an Derbholz	an Derb- und Reisholz
für die I. Bonität im Alter	35	25—30
„ „ II. „ „ „	40	35—40
„ „ III. „ „ „	35	25—30
„ „ IV. „ „ „	45	35
„ „ V. „ „ „	45	40

Bei alleiniger Berücksichtigung des Hauptbestandes ergeben die Tafeln, dass das Maximum etwa zwischen dem 20. und 30. Jahre zu erwarten ist. Die Einwirkung der Vornutzung tritt hier nur schwach hervor, weil in der betreffenden Altersperiode ihre Masse gegenüber jener des Hauptbestandes gering ist, und ihre Erträge für die Altersstufen unter 20 Jahren nur theilweise berücksichtigt und in den geringeren Bonitäten überhaupt ausser Ansatz geblieben sind. Dieser Umstand erklärt auch die Unregelmässigkeit in der Aufeinanderfolge der Alter, in welchen der laufendjährliche Zuwachs culminirt.

Viel bedeutender macht sich aber das spätere Culminiren bei dem für die Bestimmung der Umtriebszeit ungleich wichtigeren durchschnittlich-jährlichen Zuwachs geltend. Dieser erreicht nämlich sein Maximum für die Bonitäten:

		für den Hauptbestand		für die Gesammtmasse	
an:		Derbholz	Derb- und Reisholz	Derbholz	Derb- und Reisholz
I	im Alter	50	35	70	55—60
II	„ „	55—60	40—45	70—75	60—65
III	„ „	60—65	40	75—80	68—65
IV	„ „	60—65	50—55	75—80	65
V	„ „	70—75	60	80—85	70—75

Bemerkenswerth ist ferner, wie lange der Durchschnittszuwachs für die Gesammtmasse auf seinem Maximum verharrt. Der betreffende Zeitraum erstreckt sich nämlich:

		für Derbholz	für Derb- und Reisholz
in der I. Bonität vom		60.—75.	55.—65. Jahre
„ „ II. „ „		70.—75.	60.—70. „
„ „ III. „ „		70.—75.	55.—70. „
„ „ IV. „ „		65.—85.	55.—75. „
„ „ V. „ „		75.—85.	65.—80. „

Weil die Zahlen für fünfjährige Perioden angegeben sind, und demnach noch je die Hälfte einer solchen nach vor- und rückwärts zugerechnet werden muss, so lässt sich annehmen, dass der Durchschnittszuwachs auf der bei der Culmination erreichten Höhe annähernd 15—25 Jahre lang verbleibt. Wenn man den gleichaltrigen Bestand als Ganzes betrachtet, ist daher unter alleiniger Berücksichtigung des Derbholzes in den drei ersten Bonitäten der 80jährige Umtrieb, in der IV. und V. Bonität aber der 90jährige vom Standpunkt der grössten Massenproduction aus noch zulässig; für Derb- und Reisholz zusammen erniedrigt sich die Obergrenze in der I. Bonität auf 70 Jahre, in der II. und III. auf 75 Jahre, und in der IV. und V. auf 80 bez. 85 Jahre. Ueber den Einfluss des im höheren Alter erst besonders wirksam werdenden Werthzuwachses wird weiter unten gesprochen werden.

2) Der bekannte Satz, dass die Culmination einer jeder Art von Zuwachs auf den besseren Bonitäten früher eintritt als auf den geringeren, ward auch im vorliegenden Fall bestätigt.

Bezüglich des Massenzuwachses sind die beweisenden Zahlen im Vorstehenden angegeben.

Der laufendjährliche Höhenzuwachs culminirt für

die I. Bonität im Alter 15
„ II. „ „ „ 20
„ III. „ „ „ 10
„ IV. „ „ „ 20—25
„ V. „ „ „ 25

Der durchschnittlich jährliche Höhenzuwachs dagegen erreicht das Maximum für

die I. Bonität im Alter 25
„ II. „ „ „ 30—35
„ III. „ „ „ 30—35
„ IV. „ „ „ 35
„ V. „ „ „ 40—45

3) Der laufendjährliche und der durchschnittlich jährliche Zuwachs des Derbholzes erreicht später sein Maximum als jenen der Gesammtmasse (Derbholz und Reisholz).

4) Bezüglich der Kreisflächen, Stammzahlen und Formzahlen haben sich Abweichungen vom Gang der schon früher entwickelten Gesetze nicht ergeben.

Der Kreisflächenzuwachs ist in allen Bonitäten für die frühesten Altersstufen am höchsten; mit der Abnahme der Stammzahl mindert sich auch der Zuwachs der Stammgrundfläche und wird dann gleich Null, wenn der Verlust durch den periodischen Abgang dem Grundflächenzuwachs am Hauptbestande gleichkommt. Mit noch weiter schreitender Verlichtung der Bestände beginnt eine allmähliche Abnahme der Kreisflächensumme. Bis zu dem Zeitpunkt, in welchem diese deutlich nachweisbar ist, sind jedoch die Ertragstafeln nicht fortgeführt.

Die Stammzahlen nehmen in den jüngeren Bestandesaltern sehr rasch ab; diese Erscheinung lässt aber etwa vom 60. Jahre an allmählich nach und schreitet alsdann nur noch sehr langsam fort.

Bei gleichem Alter besitzt die bessere Bonität die kleinere Stammzahl.

Die **Bestandesbaumformzahlen** beginnen sehr hoch, fallen Anfangs sehr rasch, erreichen aber bald den Punkt, von dem aus die Aenderung sehr gering wird.

Die **Bestandesderbholzformzahlen** steigen zuerst sehr rasch, dann langsam und culminiren, um zum Schluss wieder zu fallen.

Für die vorliegenden Tafeln habe ich die Formzahlen, ebenso wie Weise, erst zuletzt aus den vorher festgestellten Grössen: M, G und H berechnet, da sich bei dem in den hessischen Ertragstafeln von mir nach Baur's Vorgang beobachteten Verfahren die Formzahlen nach der Höhe zu ordnen und dann aus den ausgeglichenen Formzahlen die Kreisflächen zu berechnen, Unzuträglichkeiten ergeben haben. Dagegen zeigt sich bei dem gegenwärtigen Verfahren, dass der gleichen Höhe in den verschiedenen Bonitäten nicht genau die gleichen Formzahlen zukommen. Es sind nämlich:

bei einer Höhe von m	für die Bonitäten									
	I		II		III		IV		V	
	Derb-holz-	Baum-	Derb-holz-	Baum-	Derb-holz-	Baum-	Derb-holz-	Baum-	Derb-holz-	Baum-
	Formzahl		Formzahl		Formzahl		Formzahl		Formzahl	
10	317	638	375	680	390	600	420	630	493	658
15	383	524	406	536	455	563	478	571	—	—
20	400	481	417	487	443	513	425	492	—	—
25	401	455	416	464	415	460	—	—	—	—

Die Differenzen sind allerdings in den Höhen von 20 m an aufwärts, für welche die Formzahlen doch am meisten Anwendung finden, nur unbedeutend.

5) Die Procente des laufendjährlichen Zuwachses wurden nach der Formel $\dfrac{M - m}{M + m} \cdot \dfrac{200}{n}$ in der Weise berechnet, dass für M und m immer die Massen des folgenden bez. vorausgegangenen Jahrfünfts eingesetzt worden sind; um also z. B. das Procent für das Alter 40 zu finden, war für M die Masse im Alter 45 und für m jene im Alter 35 angenommen.

Der Gang des Procentes ist im Anfang rasch, dann später, vom 70jährigen Alter etwa an, nur sehr allmählich abnehmend.

Untersucht man den Zeitpunkt, in welchem das Procent des laufendjährlichen Zuwachses in den einzelnen Bonitäten unter eine bestimmte Grösse, z. B. 2, herabsinkt, so kommt man zu folgendem Ergebniss:

	Bonität:	I	II	III	IV	V
für Derbholz	im Alter	60	65	65	65	70
„ Derb- und Reisholz	„ „	55	60	60	60	65

Das Procent fällt also in den besseren Bonitäten etwas früher als in den geringeren Bonitäten unter 2 % herab, und zwar für Derbholz allein zeitiger als für Derb- und Reisholz zusammen; im Durchschnitt etwa zwischen dem 65- und 70jährigen Bestandesalter.

Von diesem Moment ab ist der Gang des Procentes bei allen Bonitäten fast gleichmässig, denn dasselbe beträgt im Alter 120 in der Bonität:

	I	II	III	IV
für Derbholz	0,4	0,4	0,4	0,3 %
„ Derb- und Reisholz	0,4	0,4	0,3	0,3 „

6) Aus den Ergebnissen der Untersuchungen über den periodischen Abgang dürfte Folgendes hervorzuheben sein.

a) Die Stammzahl desselben ist entsprechend der in den geringeren Bonitäten beträchtlicheren Stammzahl des Hauptbestandes ebenfalls in diesen Bonitäten grösser, als auf den besseren Standorten.

Sie nehmen vom frühesten Alter an zuerst rasch, dann langsam ab und werden nach den Grenzen der natürlichen Lebensdauer hin wahrscheinlich wieder etwas höher.

b) Das gleiche Gesetz gilt für die Kreisflächen, deren Betrag sich innerhalb verhältnissmässig enger Grenzen bewegt (absolutes Maximum: 3,32 qm im Alter 25 der .I. Bonität und für das Alter von 100 Jahren: 1,24 qm in der I. und 0,96 qm in der V. Bonität).

c) Das Maximum der Zwischennutzungserträge tritt ein:

	für Bonität:	I	II	III	IV	V
an Derbholz . . .	im Alter	55–60	55–60	60	50–70	50–70
„ Derb- u. Reisholz	„ „	55–60	55–60	60	50–65	50–70

Die Culmination erfolgt also in allen Bonitäten ziemlich gleichzeitig im ca. 60jährigen Alter, ein Resultat, zu welchem auch Oberforstmeister Danckelmann[1]) bei seiner von der meinigen vollständig verschiedenen Methode der Untersuchung gelangt ist. Der Gesammtertrag von Zwischennutzungen ist von mir zwar höher als von Danckelmann, dagegen in der I. und II. Bonität erheblich geringer als von Weise berechnet.

Es beträgt nämlich der Gesammtertrag an Vornutzungen (Derb- und Reisholz) im Alter 120 (I., II. und III. Bonität) bez. 90 (IV. und V. Bonität)

	für Bonität: I	II	III	IV	V
		Alter 120		Alter 90	
nach Danckelmann	294 fm	230 fm	180 fm	115 fm	93 fm
„ Weise	457 „	358 „	275 „	156 „	79 „
„ Schwappach	330 „	300 „	263 „	160 „	87 „

Die wirklichen Erträge eines Bestandes werden allerdings stets hinter jenen der Tafeln zurückbleiben, weil meist die Durchforstungen nicht so frühzeitig beginnen, als dort angenommen ist und auch nur sehr selten in fünfjährigen Intervallen wiederkehren; auch geht vieles in den Tafeln mit enthaltenes Material als Raff- und Leseholz oder infolge Diebstahls für die Forstverwaltung verloren. Die betreffenden Verhältnisse sind aber so wechselnd, dass eine Berücksichtigung derselben bei Aufstellung von Ertragstafeln nicht möglich ist.

Trotzdem glaube ich die Ansicht aussprechen zu dürfen, dass meine Angaben keineswegs übertrieben hoch sind.

Bei der Anwendung dieser Zahlen in der Praxis muss auch noch der Umstand in Betracht gezogen werden, dass sie an normalen, d. h. voll oder doch (im höheren Alter) annähernd voll geschlossenen Beständen erhoben sind.

d) Untersucht man schliesslich, welchen Antheil die Zwischennutzungen an der Gesammtproduction haben, so zeigt sich, dass derselbe fast genau gleichmässig bei allen Bonitäten etwa ein Drittel beträgt. Der periodische Abgang beträgt nämlich:

	für Bonität: I	II	III	IV	V
		Alter 120			Alter 100
an Derbholz	32,6 %	34,2 %	35,7 %	36,6 %	29,5 %
„ Derb- u. Reisholz	33,7 %	35,7 %	37,9 %	39,3 %	33 %

---

[1]) Danckelmann, Vorertragstafeln, Sortimenttafeln und Gesammtertragstafeln für Kiefern-, Fichten- und Buchenhochwald. Zeitschr. f. Forstund Jagdwesen, 1887, p. 73 ff.

IV. Anwendung der Ertragstafel.

Da die Ertragstafeln auf dem Satz aufgebaut sind, dass bei gleichem Alter die grössere Höhe der besseren Bonität angehört, so ist zur Bestimmung der Bonität die Ermittlung des Alters und der Mittelhöhe des betreffenden Bestandes nothwendig. Bezüglich der letzteren ist zu berücksichtigen, dass die Mittelhöhe der Tafeln, wie oben p. 19 bereits bemerkt, nicht als das arithmetische Mittel der Probestämme berechnet ist und deshalb ungefähr 0,5—0,7 m über diesem liegt. In der Praxis wird zwar die Mittelhöhe wohl in den meisten Fällen als das arithmetische Mittel der gemessenen Höhen berechnet, allein diese Berechnungsart veranlasst keinen bedeutenden Unterschied gegen die Höhe, welche die Tafeln ergeben, weil bei diesen Messungen meist die schwächsten und damit in der Regel auch niedrigsten Stämme nicht berücksichtigt werden. Am besten ist es, die Höhen nur an Stämmen der zweiten und dritten Klasse nach Kraft zu messen. Eine gute Probe bildet hierbei die Messung der leicht zu ermittelnden Oberhöhe, welche ebenfalls in den Tafeln aufgeführt ist.

Stimmt die Mittelhöhe des Bestandes ganz oder nahezu mit einem der in der Ertragstafel für das Alter desselben angegebenen Beträge überein, so hat eine Reduction der Massenangaben der Tafel lediglich nach dem Verhältniss der Kreisflächen des concreten und normalen Bestandes zu erfolgen.

Wenn eine grössere Differenz in der Höhe besteht, so ist zunächst festzustellen, welches die nächstgelegene Höhencurve ist, und dann der Vorrath, bez. Ertrag der entsprechenden Massencurve unter geeigneter Berücksichtigung des Höhenunterschiedes sowie der Abweichung von der Normalität nach dem Verhältniss der Kreisflächen abzuändern.

Ich betone, dass die Höhe als Bonitätsweiser nur erst etwa vom 30. Jahre an brauchbar ist; in jüngeren Beständen, sowie selbstverständlich bei Blössen, müssen, wie G. Heyer bereits 1852 in seiner schönen Arbeit „Ermittlung der Masse, des Alters und des Zuwachses der Holzbestände" p. 129 ff. auseinandergesetzt hat, die Productionsfactoren durch Untersuchung und gutachtliches Ansprechen der Standortsverhältnisse, am zweckmässigsten unter

Berücksichtigung etwa in der Nähe befindlicher, auf ähnlichem Boden stockender älterer Bestände, in Betracht gezogen werden.

Bei alten Beständen ist neben der Höhe auch die Stammgrundfläche mit besonderer Sorgfalt zu ermitteln, um bei Anwendung der Tafeln zu richtigen Resultaten zu gelangen.

Das bloss gutachtliche Ansprechen des Vollbestandsfactors kann namentlich bei der Kiefer leicht zu grossen Irrthümern führen, weil der weniger Geübte nur zu sehr geneigt ist, jenen Schlussgrad als: 1,0 anzunehmen, bei welchem die gesammte Fläche voll beschirmt ist, ein Fall, der selbst unter den günstigsten Standortsverhältnissen in älteren Kiefernbeständen niemals vorkommt. Es ist deshalb dringend zu empfehlen, zur Kontrolle der eigenen Schätzung und um einen sicheren Anhalt für Anwendung der Ertragstafeln zu gewinnen, wenigstens in einigen typischen Beständen auf kleinen Probeflächen die Kreisflächensumme durch Auskluppen direct zu ermitteln.

V. Betheiligung der einzelnen Bestandespartien am Gesammt - Productionsgang.

Verschiedene neuere Untersuchungen, fremde sowohl als eigene, namentlich eine Arbeit des Forstraths Wagener zu Castell „Ueber Aufstellung von Ertragstafeln nach dem Wachsthumsgang der in den haubaren Hochwaldbeständen verbliebenen Stämme" [1] liessen es mir als wünschenswerth und wichtig erscheinen, Erhebungen darüber anzustellen, in welcher Weise die verschiedenen Gruppen der den Bestand zusammensetzenden Individuen sich an dem Productionsgang betheiligen, da es nach den bisherigen Forschungen als wahrscheinlich erschien, dass hierbei wichtige Anhaltspunkte für die Gestaltung der Wirthschaft gewonnen werden könnten.

Ich habe zu diesem Zweck vier Gruppen ausgeschieden.

Die erste derselben umfasst die 200 stärksten Stämme. Diese Zahl wurde hauptsächlich deshalb gewählt, weil bei verschiedenen Ertragsuntersuchungen (Lorey und Speidel) die genannte Bestandespartie für die Auswahl der zu einer Ertragsreihe gehörigen Bestände als Weiser berücksichtigt worden ist, ausserdem

---

[1] Zeitschrift f. Forst- und Jagdwesen, 1889, p. 65 ff.; vergl. auch: Oesterreichische Vierteljahrsschrift f. d. Forstwesen, 1888, p. 321 ff.

auch die Absicht vorlag, den Entwicklungsgang der leistungsfähigsten Stämme zu verfolgen.

Der zweiten Gruppe wurde jene Zahl der stärksten Stämme zugetheilt, welche im Abtriebsalter normal vorhanden ist. Als solches wurde des Vergleiches wegen und mit Rücksicht auf die thatsächlichen Verhältnisse der Praxis für die ersten vier Bonitäten das 120. Jahr, für die fünfte dagegen das 100. Jahr gewählt. Die Stammzahlen sind behufs einfacherer Rechnung etwas abgerundet und, wie folgt, festgesetzt worden,

$$\begin{array}{llll}
\text{für die} & \text{I. Bonität auf} & 380 & \text{Stämme} \\
\text{„ „} & \text{II. „ „} & 430 & \text{„} \\
\text{„ „} & \text{III. „ „} & 510 & \text{„} \\
\text{„ „} & \text{IV. „ „} & 600 & \text{„} \\
\text{„ „} & \text{V. „ „} & 1070 & \text{„}
\end{array}$$

Wenn man in den jüngeren Altern von den in der Ertragstafel enthaltenen Stammzahlen des Hauptbestandes die soeben aufgeführten Stammzahlen des Abtriebsbestandes abzieht, so ergibt sich die dritte Bestandesgruppe, welche ich als „Restbestand" bezeichne. Dieselbe wird mit zunehmendem Alter immer kleiner und verschwindet schliesslich vollkommen.

Die vierte Bestandesgruppe wird vom „periodischen Abgang" gebildet, welcher im Laufe des Bestandeslebens ausscheidet.

Die Massen und massenbildenden Factoren der einzelnen Gruppen wurden, soweit sie nicht bereits in der Ertragstafel vorkommen, in folgender Weise ermittelt[1]):

Für die erste und zweite Gruppe liessen sich aus den Kluppirungsmanualen die Kreisflächen der 200 stärksten Stämme pro ha, sowie die der entsprechenden Anzahl Stämme des Abtriebsbestandes für die concreten Bestände direct bestimmen. Da ferner die Höhen der einzelnen Stammklassen in den Aufnahmsakten verzeichnet sind, so konnten die zu jenen Stämmen gehörigen Mittelhöhen ziffernmässig oder durch graphische Interpolation aufgefunden werden. Als Formzahl wurde stets die Baumformzahl des betreffenden Bestandes angenommen.

Aus den so für die einzelnen Bestände berechneten Massen der ersten und zweiten Gruppe wurde ihr Procent-Verhältniss zur Gesammtmasse abgeleitet, dieses auf graphischem Wege

---

[1]) Bei den bisherigen Aufnahmen ist in Preussen der Mittelstamm für die 200 stärksten Stämme nicht direct berechnet und gemessen worden.

ausgeglichen, und mit dem so berichtigten Procent die Masse für Gruppe I und II in den einzelnen Decennien aus den in der Ertragstafel enthaltenen Hauptbestandsvorräthen ermittelt. Die Höhen wurden aus den Mittelhöhen der Tafeln nach dem Verhältniss bestimmt, welches für die Bestandesmittelhöhe und die mittlere Höhe der betreffenden Stammgruppe in concreten Fällen gefunden worden war. Die Durchmesser ergaben sich in ähnlicher Weise durch graphische Interpolation aus den mittleren Durchmessern der Bestände.

Die Masse, Kreisfläche und Stammzahl für Gruppe III waren durch die jeweiligen Differenzen der betreffenden Grössen des Hauptbestandes und der Stämme des Abtriebsbestandes gegeben. Die Höhe wurde auf graphischem Wege ebenso wie bei den Gruppen I und II hergeleitet.

Für Gruppe IV sind die nöthigen Elemente bereits bei Aufstellung der Ertragstafeln erhoben worden.

Mit diesen Materialien wurden die drei Tabellen VI, VII und VIII berechnet.

(Siehe Tabelle VI S. 51 und 52.)

Tabelle VI hat die Aufgabe, zur Darstellung zu bringen, wie sich unmittelbar nach ausgeführter Durchforstung die einzelnen Gruppen an der Zusammensetzung der Bestandesmasse betheiligen, und wie sich jede derselben nach Masse, Höhe und Durchmesser entwickelt; des Vergleiches wegen sind die betreffenden Angaben auch für den Hauptbestand beigefügt.

Aus der Tabelle dürfte namentlich Folgendes hervorzuheben sein:

1) Die Stämme des Abtriebsbestandes enthalten in allen Bonitäten vom 50jährigen Alter an mehr als die Hälfte der Masse des Hauptbestandes.

2) Das Verhältniss der Masse der Stämme des Abtriebsbestandes zu jener des Hauptbestandes ist für das gleiche Alter in sämmtlichen Bonitäten annähernd das nämliche.

3) Entsprechend der geringeren Stammzahl betheiligen sich die 200 stärksten Stämme in den besseren Bonitäten mit einem höheren Procentsatz an der Masse des Hauptbestandes als in den geringeren. Demgemäss ist in letzteren auch ein Schluss von den 200 stärksten Stämmen auf den gesammten Bestand unzuverlässiger als in ersteren.

Tabelle VI.

Alter	Des Hauptbestandes					Der 200 stärksten Stämme						Der Stämme des Abtriebbestandes im 120jähr. Alter						Des Hauptbestandes excl. der Stammzahl im 120jähr. Alter (Restbestand)						Periodischer Abgang		
	Stammzahl	Mittelstamm			Gesammtmasse	Mittelstamm			Gesammtmasse	Masse in Procenten des Hauptbestandes		Mittelstamm			Gesammtmasse	Masse in Procenten des Hauptbestandes		Stammzahl	Mittelstamm			Gesammtmasse	des Mittelstammes		
		Höhe	Durchmesser	Masse		Höhe	Durchmesser	Masse				Höhe	Durchmesser	Masse					Höhe	Durchmesser	Masse		Höhe	Durchmesser	Masse
Jahr		m	cm	fm	fm	m	cm	fm	fm	%		m	cm	fm	fm	%			m	cm	fm	fm	m	cm	fm
I. Bonität.																									
30	2690	13,3	12,5	0,09	241	15,9	18,2	0,22	43	18		15,0	17,4	0,19	72	30		2310	13,2	11,5	0,08	109	10,1	7,0	0,027
40	1740	16,9	16,6	0,18	320	18,5	22,8	0,40	79	25		18,2	22,0	0,36	136	41		1360	15,9	15,0	0,14	184	12,9	9,3	0,046
50	1160	19,8	21,1	0,33	387	21,0	27,2	0,62	124	32		20,8	26,2	0,55	210	52		780	17,9	18,3	0,23	177	15,5	12,3	0,083
60	820	22,3	25,8	0,54	445	23,3	31,3	0,89	177	40		23,1	29,9	0,77	291	65		440	19,5	21,3	0,35	154	17,5	16,1	0,151
70	640	24,4	29,7	0,77	495	25,3	35,0	1,17	233	47		25,1	33,0	0,98	373	76		260	20,8	23,9	0,47	122	19,3	20,6	0,273
80	545	26,2	32,6	0,99	537	26,9	38,0	1,45	290	54		26,7	35,0	1,17	445	83		165	22,0	26,0	0,56	92	20,8	24,2	0,429
90	490	27,8	34,8	1,17	571	28,5	40,5	1,72	343	60		28,2	36,6	1,33	506	88		110	23,0	27,7	0,60	65	22,3	26,7	0,582
100	448	29,2	36,7	1,34	600	29,7	42,7	1,95	390	65		29,4	38,0	1,47	558,5	93		68	23,9	29,0	0,64	41,5	23,3	28,5	0,595
110	414	30,4	38,5	1,51	625	31,0	44,6	2,16	431	69		30,3	39,2	1,59	605	97		34	24,6	29,9	0,67	20	24,3	29,6	0,658
120	385	31,4	40,3	1,69	648	32,0	46,3	2,33	467	72		31,4	40,3	1,71	648	100		—	—	—	—	—	25,1	30,0	0,713
130	360	32,2	42,0	1,86	670	32,8	47,8	2,52	503	75		—	—	—	—	—		—	—	—	—	—	—	—	—
140	339	32,7	43,5	2,04	690	33,1	49,1	2,66	531	77		—	—	—	—	—		—	—	—	—	—	—	—	—
II. Bonität.																									
30	3530	11,1	9,9	0,05	189	13,1	15,2	0,14	28	15		12,6	14,4	0,12	52	29		3100	11,1	9,1	0,04	137	8,6	6,9	0,019
40	2370	14,5	13,1	0,10	254	15,9	19,7	0,28	56	22		15,6	18,4	0,23	101	39		1940	13,4	11,5	0,08	153	11,2	8,5	0,033
50	1610	17,2	16,8	0,19	314	18,2	24,0	0,45	90	29		18,0	22,4	0,36	155	50		1180	15,3	13,8	0,13	149	13,5	10,7	0,059
60	1130	19,5	20,8	0,32	366	20,4	28,0	0,64	128	35		20,1	26,3	0,55	235	64		700	16,8	16,0	0,19	131	15,4	13,3	0,099
70	850	21,4	24,4	0,48	410	22,1	31,6	0,84	168	41		21,8	29,2	0,71	304	74		420	18,1	18,0	0,25	106	17,0	16,1	0,160
80	690	23,0	27,4	0,65	446	23,6	34,7	1,05	209	47		23,3	31,1	0,85	365	82		260	19,2	19,8	0,31	81	18,4	18,3	0,220
90	591	24,4	29,9	0,80	475	25,0	37,3	1,24	248	52		24,6	32,7	0,97	418	88		161	20,2	21,4	0,36	57	19,5	20,5	0,286
100	525	25,7	32,0	0,95	500	26,3	39,4	1,43	285	57		25,9	34,0	1,08	464,5	93		95	21,0	22,8	0,38	35,5	20,5	22,4	0,352
110	476	26,9	33,9	1,09	521	27,4	41,1	1,59	318	61		27,0	35,0	1,17	504	97		46	21,7	23,8	0,41	17	21,5	23,6	0,405
120	436	27,9	35,7	1,24	540	28,4	42,6	1,73	345	64		27,9	35,7	1,26	540	100		—	—	—	—	—	22,3	24,4	0,441
130	401	28,7	37,3	1,39	557	29,1	43,9	1,84	368	66		—	—	—	—	—		—	—	—	—	—	—	—	—
140	370	29,3	38,9	1,55	572	29,6	45,1	1,92	383	67		—	—	—	—	—		—	—	—	—	—	—	—	—

Alter	Des Hauptbestandes					Der 200 stärksten Stämme						Der Stämme des Abtriebbestandes im 120jähr. Alter					Des Hauptbestandes excl. der Stammzahl im 120jähr. Alter (Restbestand)					Periodischer Abgang		
	Stammzahl	Mittelstamm			Gesammtmasse	Mittelstamm			Gesammtmasse	Masse in Procenten des Hauptbestandes	Mittelstamm			Gesammtmasse	Masse in Procenten des Hauptbestandes	Stammzahl	Mittelstamm			Gesammtmasse	des Mittelstammes		
		Höhe	Durchmesser	Masse		Höhe	Durchmesser	Masse			Höhe	Durchmesser	Masse				Höhe	Durchmesser	Masse		Höhe	Durchmesser	Masse
Jahr		m	cm	fm	fm	m	cm	fm	fm	%	m	cm	fm	fm	%		m	cm	fm	fm	m	cm	fm
										III. Bonität.													
30	4460	9,2	8,2	0,04	158	11,0	11,5	0,11	22	13	10,4	12,5	0,09	47	30	3950	9,0	7,4	0,02	111	7,0	6,0	0,014
40	3070	12,0	10,9	0,07	211	13,3	16,5	0,21	42	19	12,9	15,9	0,16	81	39	2560	11,3	9,5	0,05	130	9,2	7,5	0,024
60	2120	14,1	13,8	0,12	255	15,2	21,0	0,32	64	25	14,8	18,9	0,24	124	49	1610	13,0	11,6	0,08	131	11,1	9,2	0,041
60	1490	15,9	16,8	0,20	292	16,8	25,0	0,44	88	30	16,4	21,6	0,34	174	59	980	14,4	13,8	0,12	118	12,8	11,2	0,066
70	1100	17,5	20,0	0,30	325	18,3	28,4	0,57	114	35	17,9	24,0	0,45	229	70	590	15,5	15,4	0,16	96	14,2	13,4	0,101
80	870	19,1	22,8	0,41	354	19,8	31,0	0,71	142	40	19,4	26,1	0,55	282	80	360	16,5	16,6	0,20	72	15,4	15,4	0,141
90	730	20,5	25,2	0,52	379	21,1	33,0	0,86	171	45	20,7	27,8	0,64	328,5	87	220	17,3	17,8	0,23	50,5	16,5	17,5	0,192
100	638	21,9	27,3	0,63	400	22,4	34,7	0,98	196	49	22,0	29,1	0,72	368,5	93	128	18,1	19,0	0,25	31,5	17,6	18,8	0,227
110	570	23,1	29,1	0,73	417	23,6	36,2	1,09	217	52	23,2	30,0	0,79	402	97	60	18,8	20,2	0,26	15	18,6	20,0	0,256
120	512	24,1	30,7	0,83	431	24,6	37,6	1,17	233	54	24,1	30,7	0,85	431	100	—	—	—	—	—	19,4	20,4	0,262
										IV. Bonität.													
30	5980	6,9	6,5	0,02	103	8,4	11,1	0,06	11	11	7,9	10,5	0,05	30	30	5380	6,7	5,8	0,01	73	5,5	4,9	0,008
40	3980	9,3	8,9	0,04	148	10,6	14,3	0,13	25	16,5	10,0	13,4	0,09	55	38	3380	8,9	7,7	0,03	93	7,3	6,1	0,013
50	2710	11,2	11,3	0,07	189	12,3	17,3	0,21	41	21,5	11,7	16,1	0,15	90	48	2110	10,4	9,5	0,05	99	8,9	7,7	0,025
60	1930	12,8	13,8	0,12	223	13,7	20,1	0,29	58	26,0	13,1	18,6	0,22	130	59	1330	11,7	10,9	0,07	93	10,2	9,5	0,041
70	1470	14,2	16,2	0,17	249	15,0	22,6	0,38	75	30,0	14,7	20,7	0,28	171	69	870	12,9	12,1	0,09	78	11,4	11,5	0,065
80	1170	15,5	18,3	0,23	270	16,2	24,8	0,46	91	33,5	15,7	22,3	0,35	210	78	570	13,8	13,1	0,11	60	12,4	12,7	0,083
90	965	16,7	20,3	0,30	287	17,3	26,6	0,53	105	36,5	16,8	23,5	0,41	243,5	85	365	14,6	13,9	0,12	43,5	13,4	13,6	0,102
100	815	17,9	22,3	0,37	300	18,5	27,9	0,59	117	39,0	17,8	24,5	0,45	272,5	91	215	15,3	14,5	0,13	27,5	14,3	14,3	0,114
110	699	19,0	24,2	0,44	309	19,6	28,6	0,64	127	41,0	18,9	25,3	0,49	296	96	99	15,7	14,9	0,13	13	15,2	14,7	0,125
120	601	20,0	26,0	0,53	317	20,5	29,0	0,68	136	42,5	20,0	26,0	0,53	317	100	—	—	—	—	—	16,0	14,8	0,128
										V. Bonität.													
30	8000	4,5	4,9	0,01	57	5,7	9,3	0,03	5	9,5	5,2	7,9	0,02	19	34	6930	4,5	4,1	0,005	38	3,6	—	—
40	5640	6,4	6,5	0,02	88	7,5	12,3	0,07	13	14,5	6,9	10,3	0,04	39	44	4570	6,3	5,5	0,011	49	5,5	4,9	0,007
50	3970	7,9	8,3	0,03	117	8,8	14,9	0,11	21	18,5	8,3	12,2	0,06	67	57	2900	7,6	6,6	0,017	50	6,3	6,0	0,011
60	2880	9,2	10,1	0,05	142	10,0	16,9	0,15	30	21,5	9,4	13,7	0,09	98	69	1810	8,6	7,6	0,024	44	7,5	6,8	0,017
70	2070	10,4	12,1	0,08	163	11,1	18,2	0,20	39	24,0	10,5	14,9	0,12	128	78	1000	9,4	8,5	0,035	35	8,4	7,4	0,022
80	1600	11,6	13,9	0,11	180	12,2	19,0	0,24	47	26,0	11,7	15,9	0,15	156,5	87	530	10,1	9,2	0,044	23,5	9,3	8,7	0,033
90	1300	12,6	15,6	0,15	191	13,1	19,5	0,27	53	27,5	12,6	16,7	0,17	179,5	94	230	10,5	9,8	0,050	11,5	10,1	9,7	0,040
100	1070	13,5	17,2	0,19	200	13,9	19,8	0,29	57	28,5	13,5	17,2	0,19	200	100	—	—	—	—	—	10,8	10,5	0,053

4) Die Differenzen zwischen dem Brusthöhendurchmesser und der Masse des Mittelstammes der 200 stärksten Stämme und desjenigen des Hauptbestandes sind im jugendlichen Alter am grössten; nehmen allmählich ab, sind aber auch in den höheren Altern noch ziemlich bedeutend.

5) In der Jugend besteht ein analoges Verhältniss auch zwischen den Stämmen des Abtriebsbestandes und jenen des Hauptbestandes, doch verschwindet hier der Unterschied mit zunehmendem Alter ganz.

Noch grösseres Interesse bieten die folgenden Tabellen VII und VIII.

Tabelle VII.

Alter	I. Bonität durch-schnittl. Zuwachs fm	I. Bonität laufend-jährlicher Zuwachs fm	I. Bonität laufend-jährlicher Zuwachs %	II. Bonität durch-schnittl. Zuwachs fm	II. Bonität laufend-jährlicher Zuwachs fm	II. Bonität laufend-jährlicher Zuwachs %	III. Bonität durch-schnittl. Zuwachs fm	III. Bonität laufend-jährlicher Zuwachs fm	III. Bonität laufend-jährlicher Zuwachs %	IV. Bonität durch-schnittl. Zuwachs fm	IV. Bonität laufend-jährlicher Zuwachs fm	IV. Bonität laufend-jährlicher Zuwachs %	V. Bonität durch-schnittl. Zuwachs fm	V. Bonität laufend-jährlicher Zuwachs fm	V. Bonität laufend-jährlicher Zuwachs %
							A. Die 200 stärksten Stämme.								
30	1,43	3,6	5,90	0,93	2,8	6,67	0,71	2,0	9,38	0,37	1,4	7,80	0,17	0,8	0,89
40	1,98	4,5	4,46	1,40	3,4	4,66	1,05	2,2	4,15	0,62	1,6	4,85	0,32	0,8	4,70
50	2,48	5,3	3,53	1,80	3,8	3,49	1,28	2,4	3,16	0,82	1,7	3,44	0,42	0,9	3,53
60	2,95	5,6	2,78	2,13	4,0	2,70	1,47	2,6	2,57	0,97	1,7	2,56	0,50	0,9	2,61
70	3,33	5,7	2,18	2,40	4,1	2,18	1,63	2,8	1,90	1,07	1,6	1,93	0,56	0,8	1,86
80	3,63	5,3	1,68	2,61	3,9	1,71	1,78	2,9	1,86	1,20	1,4	1,43	0,59	0,6	1,20
90	3,81	4,7	1,28	2,76	3,7	1,39	1,90	2,5	1,37	1,17	1,2	1,08	0,59	0,5	0,90
100	3,90	4,1	1,00	2,85	3,3	1,09	1,96	2,1	1,02	1,17	1,0	0,82	0,57	—	—
110	3,92	3,6	0,80	2,89	2,7	0,82	1,97	1,6	0,84	1,15	0,9	0,68	—	—	—
120	3,89	3,6	0,74	2,88	2,3	0,65	1,94	—	—	1,13	—	—	—	—	—
130	3,87	2,8	0,54	2,83	1,5	0,40	—	—	—	—	—	—	—	—	—
140	3,79	—	—	2,74	—	—	—	—	—	—	—	—	—	—	—
							B. Die Stämme des Abtriebsbestandes.								
30	2,40	6,4	6,16	1,73	4,9	6,41	1,57	3,4	5,31	1,00	2,5	5,88	0,63	2,0	6,90
40	3,40	7,4	4,26	2,52	5,4	4,22	2,02	4,3	4,20	1,38	3,5	4,83	0,97	2,8	5,28
50	4,20	8,1	3,24	3,10	8,0	4,10	2,48	5,0	3,36	1,80	4,0	3,64	1,34	3,1	3,76
60	4,85	8,2	2,48	3,92	6,9	2,56	2,90	5,5	2,73	2,17	4,1	2,72	1,63	3,0	2,65
70	5,33	7,2	1,76	4,34	6,1	1,82	3,27	5,3	2,07	2,44	3,9	2,05	1,83	2,9	2,04
80	5,56	6,1	1,28	4,56	5,3	1,35	3,52	4,6	1,51	2,62	3,3	1,46	1,95	2,3	1,37
90	5,62	5,2	1,00	4,64	4,6	1,04	3,64	4,0	1,15	2,70	2,9	1,12	1,99	2,1	1,11
100	5,58	4,6	0,80	4,64	3,9	0,82	3,68	3,4	0,88	2,72	2,3	0,83	2,00	—	—
110	5,50	4,3	0,70	4,58	3,6	0,69	3,66	2,9	0,70	2,69	2,1	0,69	—	—	—
120	5,40	—	—	4,50	—	—	3,59	—	—	2,64	—	—	—	—	—

Tabelle VII ist geeignet, einen Einblick in die Energie des Zuwachses der beiden stärksten Bestandesgruppen zu gewähren.

Ueberraschend ist vor Allem das Hinausschieben der Culmination des Durchschnittszuwachses bei den besseren Stämmen.

Während dieselbe für den Hauptbestand allein zwischen dem

35.—55., für die Gesammtmasse (incl. der Vornutzung) im 55. bis 75. Jahre eintritt, erreicht der Durchschnittszuwachs für die Stämme des Abtriebsbestandes sein Maximum im Alter 90—100 und für die 200 stärksten Stämme im Alter von 100—110 Jahren. Berücksichtigt man noch weiter, dass die Culmination für das Derbholz allein noch 10—20 Jahre später stattfindet als für die Gesammtmasse (Derb- und Reisholz), so wird diese hier demgemäss im 110. bez. 120. Jahre erfolgen.

Hervorzuheben ist ferner noch, dass die Abnahme des Durchschnittszuwachses Anfangs nur eine minimale ist und erst in der zweiten Decimalstelle bemerklich wird. Bei den 200 stärksten Stämmen ist im 130. Jahre ein Sinken noch kaum wahrnehmbar und selbst im 140. Jahre nur ein höchst geringfügiges.

Tabelle VIII.

Alter	Gesammt-production		Der 200 stärksten Stämme				Der Stämme des Abtriebsbestandes im 120jährigen Alter				Des Nebenbestandes (periodischer Abgang und Restbestand)					
	Masse	Production im Decennium	Masse	Antheil am Gesammtertrag	Production im Decennium (Festmeter)	Production im Decennium (der Gesammtproduction)	Masse	Antheil am Gesammtertrag	Production im Decennium (Festmeter)	Production im Decennium (der Gesammtproduction)	Masse	hiervon wurden bisher genutzt	als Restbestand sind verblieben	Production im Decennium	im Decennium: war periodischer Abgang	im Decennium: Aenderungen in der Masse des Restbestandes
	fm	fm	fm	%	Festmeter	%	fm	%	Festmeter	%	Festmeter	Festmeter	Festmeter	Festmeter	Festmeter	Festmeter
I. Bonität.																
30	274	116	43	16	36	31	72	26	64	55	202	33	169	52	—	—
40	390	108	79	20	45	42	136	35	74	69	254	70	184	34	37	+15
50	498	102	124	25	53	52	210	42	81	79	288	111	177	21	41	—7
60	600	92	177	30	56	62	291	48	82	89	309	155	154	10	44	—23
70	692	78	233	35	57	73	373	53	72	92	319	197	122	6	42	—32
80	770	64	290	38	53	83	445	57	61	95	325	233	92	3	36	—30
90	834	54	343	41	46	86	506	60	52,5	97	328	263	65	1,5	30	—27
100	888	47	390	44	41	87	558,5	63	46,5	99	329,5	288	41,5	0,5	25	—23,5
110	935	43	431	46	38	88	605	65	43	100	330	310	20	—	22	—21,5
120	978		469	48			648	66			330	330	—		20	—20
II. Bonität.																
30	218	98	28	13	28	28	52	24	49	50	166	29	137	49	—	—
40	316	99	56	18	34	35	101	32	54	58	215	62	153	35	33	+16
50	415	94	90	22	38	40	155	34	80	85	250	101	149	24	39	—4
60	509	83	128	25	40	48	235	46	69	83	274	143	131	14	42	—18
70	592	68	168	28	41	60	304	51	61	90	288	182	106	7	39	—25
80	660	59	209	32	39	66	365	55	53	90	295	214	81	3	32	—25
90	716	48	248	35	36	75	418	58	46,5	97	298	241	57	1,5	27	—24
100	764	40	285	37	33	82	464,5	61	39,5	99	299,5	264	35,5	0,5	23	—21,5
110	804	36	318	39	30	85	504	63	36	100	300	283	17	—	19	—18,5
120	840		348	41			540	64			300	300	—		17	—17

Alter	Gesammt-production Masse [fm]	Gesammt-production Production im Decennium [fm]	Der 200 stärksten Stämme Masse [fm]	Antheil am Gesammtertrag [%]	Production im Decennium Festmeter	Production im Decennium der Gesammt-production [%]	Der Stämme des Abtriebsbestandes im 120jährigen Alter Masse [fm]	Antheil am Gesammtertrag [%]	Production im Decennium Festmeter	Production im Decennium der Gesammt-production [%]	Des Nebenbestandes Masse [Festmeter]	hiervon wurden bisher genutzt [Festmeter]	als Restbestand sind verblieben [Festmeter]	Production im Decennium [Festmeter]	im Decennium war periodischer Abgang [Festmeter]	Aenderung in der Masse des Restbestandes [Festmeter]
III. Bonität.																
30	181		22	12			47	26			134	23	111		—	—
40	263	82	42	16	20	24	81	31	34	41	182	52	130	48	29	+19
50	340	74	64	19	22	29	124	36	43	56	216	85	131	34	33	+1
60	414	74	88	21	24	32	174	42	50	68	240	122	118	24	37	-13
70	482	68	114	23	26	38	229	47	55	81	253	157	96	13	35	-22
80	541	59	142	26	28	48	282	52	53	90	259	187	72	6	30	-24
90	590	49	171	29	29	59	328,5	56	46,5	95	261,5	211	50,5	2,5	24	-21,5
100	631	41	196	31	25	61	368,5	58	40	98	262,5	231	31,5	1	20	-19
110	665	34	217	33	21	62	402	60	33,5	99	263	248	15	0,5	17	-16,5
120	694	29	236	34	19	63	431	62	29	100	263	263	—	—	15	-15
IV. Bonität.																
30	114		11	10			30	26			84	11	73		—	—
40	184	70	25	14	14	20	55	29	25	36	129	36	93	45	25	+20
50	252	68	41	16	16	23	90	36	35	51	162	63	99	33	27	+6
60	314	62	58	18	17	27	130	41	40	65	184	91	93	22	28	-6
70	367	53	75	20	17	32	171	47	41	77	196	118	78	12	27	-15
80	411	44	91	22	16	37	210	51	39	89	201	141	60	5	23	-18
90	447	36	105	24	14	40	243,5	54	33,5	93	203,5	160	43,5	2,5	19	-16,5
100	477	30	117	25	12	41	272,5	57	29	97	204,5	177	27,5	1	17	-16
110	501	24	127	25	10	42	296	59	23,5	98	205	192	13	0,5	15	-14,5
120	522	21	136	26	9	43	317	61	21	100	205	205	—	—	13	-13
V. Bonität.																
30	57		5	9			19	33			38	—	38		—	—
40	101	44	13	13	8	18	39	39	20	45	62	13	49	24	13	+11
50	146	45	21	15	8	19	67	46	28	62	79	29	50	17	16	+1
60	187	41	30	16	9	22	98	52	31	77	89	45	44	10	16	-6
70	224	37	39	17	9	24	128	57	30	81	95	60	35	6	15	-9
80	255	31	47	18	8	26	156,5	61	28,5	92	97	74	23,5	2,5	14	-11,5
90	278	23	53	19	6	25	179,5	65	23,0	98	98,5	87	11,5	1	13	-12,5
100	299	21	58	20	5	25	200	67	20,5	99	99	99	—	0,5	12	-11

Höchst bemerkenswerth sind die Resultate, welche Tab. VIII hinsichtlich der Betheiligung der einzelnen Stammgruppen an der Gesammtproduction (Hauptbestand und periodischer Abgang) zeigt.

Der Abtriebsbestand liefert, wie bereits früher erwähnt wurde, in allen Bonitäten in den höheren Altern nahezu 2/3 der Gesammtmasse, während die 200 stärksten Stämme zwischen 48 und 20% hiervon produciren.

Der Antheil der 200 stärksten Stämme am Zuwachs des ganzen Bestandes steigt in dem höheren Lebensalter für die beiden ersten Bonitäten über 80 %, in der I. fast bis auf 90 %, nimmt aber in den geringeren Bonitäten rasch ab (63 % bez. 43 % für III. und IV. Bonität.

Untersucht man, wie sich die Gesammtwachsthumsleistung vom 50. bis zum 120. Lebensjahre auf die einzelnen Stammgruppen vertheilt, so gelangt man zu folgendem interessanten Ergebniss:

Bonität	Gesammtzuwachs	Zuwachs der 200 stärksten Stämme	Zuwachs der Stämme des Abtriebsbestandes	Zuwachs des Nebenbestandes
	fm	fm	fm	fm
I	480	345	438	42
II	425	258	385	40
III	354	172	307	47
IV	270	85	227	43

In Procenten ausgedrückt leisten die hier in Betracht gezogenen Gruppen während der fraglichen Periode von der Gesammtproduction:

Bonität	Die 200 stärksten Stämme	Die Stämme des Abtriebsbestandes	Nebenbestand
	%	%	%
I	71,9	91,3	8,7
II	60,7	90,6	9,4
III	48,6	86,6	13,4
IV	31,5	84,1	15,9

Die Stämme des Abtriebsbestandes produciren demnach vom 50. bis zum 120. Jahre auf den vier besseren Bonitäten ungefähr $^9/_{10}$ der Gesammtmasse. Vom erstgenannten Zeitpunkt an genügt, wie Tabelle VIII zeigt, der Zuwachs des Restbestandes nicht mehr, um den periodischen Abgang zu decken, und wird dessen Capitalstock selbst allmählich aufgezehrt.

Wenn man die Zahlen der Tabellen VII und VIII auf ihre Bedeutung für die Praxis untersucht, so ergibt sich, dass in den höheren und höchsten Altersstufen eine verhältnissmässig nur geringe Zahl von Stämmen fast den gesammten Zuwachs producirt, und mithin bei Lichtungen, wie sie im Femelschlag-, Lichtungs-, Ueberhaltbetrieb etc. ausgeführt werden, bei entsprechender Hiebsführung der Zuwachs trotz der verminderten Stammzahl in der bisherigen Höhe ganz oder doch nahezu fortdauert, falls der Uebergang in die lichtere Stellung für die verbleibenden Stämme keine nachtheiligen Folgen hat.

Nimmt man z. B. aus einem 120jährigen Kiefernbestand II. Bonität, dessen Schluss dem normalen ungefähr entspricht, 40 % des Vorraths durch Aushieb der schwächeren Stammklassen heraus, so sinkt der Zuwachs nur um 15% des dem vollen Bestand entsprechenden Betrages; bei einer Lichtung von 20 % vermindert sich der Zuwachs nur um die geringfügige Grösse von 4—5%, welche durch den Lichtungszuwachs, — einen vorher geschlossen gewesenen Kiefernbestand vorausgesetzt — für das nächste Decennium wenigstens, wahrscheinlich mehr als ausgeglichen wird.

Die gleiche Zuwachsminderung von 4—5 % tritt bei der Lichtung eines 70jährigen Bestandes um 15% und eines 100jährigen um 18 % ein. Da die Steigerung des Zuwachses über das bisherige Mass beim Uebergang in die räumlichere Stellung wesentlich eine Folge rascher Consumtion der angesammelten Bodenkraft ist, so wird ein abermaliger ähnlicher Ausgleich bei wiederholten Aushieben wahrscheinlich nicht eintreten.

Die vorstehenden Zuwachsberechnungen gelten jedoch nur dann, wie ich wiederholt betone, wenn die stärksten Stammklassen im Bestand verblieben sind; würde sich der Aushieb hauptsächlich auf diese erstrecken, so wäre die Minderung des Massenzuwachses weit erheblicher.

Bei einer Samenschlagstellung, welche etwa im Zeitpunkt des höchsten durchschnittlichen Werthszuwachses für geschlossene Bestände erfolgt, wird im Fall des Gelingens der Verjüngung der Zuwachs am Altbestand so bedeutend sein, dass er mit jenem des jungen Bestandes zusammen so lange jedenfalls nicht unter jenen herabsinkt, als der Altbestand die Entwicklung des Nachwuchses nicht bemerkbar beeinträchtigt.

Ueber die Zweckmässigkeit resp. Ausführbarkeit der natürlichen Verjüngung in Kiefernbeständen soll jedoch hierdurch kein Urtheil gefällt werden, da diese noch durch ganz andere Factoren beeinflusst wird.

Aus dem Umstand, dass auf allen Bodenklassen ziemlich gleichmässig bei einer Massenverminderung des Vollbestandes um 15 bez. 18 und 20 % im 80- bez. 100- und 120jährigen Alter im Maximum ein Sinken des Zuwachses von nur 4—5 % eintritt, wahrscheinlich aber eine Abnahme desselben überhaupt nicht erfolgt, kann der Schluss gezogen werden, dass gleichalte Bestände, welche mit ihrer Masse hinter den entsprechenden Beträgen der Ertragstafel um nicht mehr als 15—20 % zurückbleiben, dennoch den hier angegebenen absoluten Zuwachs und sogar ein höheres Zuwachsprocent haben, falls nicht die stärksten Stammklassen aus irgend einem Grunde in zu geringer Anzahl vertreten sind. Bestände, welche nicht unter 0,8 geschlossen sind, erreichen mithin ihren höchsten durchschnittlichen Massenzuwachs in derselben Zeit wie die Normalbestände, von denen sie sich nur durch eine andere Entwicklung des periodischen Abgangs unterscheiden.

Soll jede Stammgruppe zur Erreichung der grössten Werthsproduction dann genutzt werden, wenn sie das Maximum ihrer durchschnittlichen Massenleistung überschritten hat, so würde sich ergeben, dass vom 70jährigen Alter etwa an zunächst stärkere Durchforstungen einzulegen sind, welche allmählich in Lichtungshiebe übergehen und ungefähr im 120. Jahre eine Stellung erreichen, die einem mässig dunklen Samenschlage mit 0,7 des Vollbestandes entspricht. Von hier ab hätte alsdann eine weitere Lichtung nach den Bedürfnissen des natürlich oder künstlich bereits gegründeten jungen Bestandes zu erfolgen.

Die Discussion darüber, ob und wieweit ein derartiges Verfahren möglich ist, insbesondere auch eine Erörterung des finanziellen Effectes, gehört nicht mehr in das Bereich der vorliegenden Untersuchungen.

VI. Ausscheidung des Ertrages nach Sortimenten.

Bei Aufstellung meiner Kiefernertragstafeln für Hessen habe ich bereits den Versuch gemacht, neben dem Quantitätszuwachs auch den Qualitätszuwachs durch Zerlegung der Bestandesmasse in Sortimente darzustellen. Wegen der Unmöglichkeit, die nach Gegend und Handelsconjunctur so sehr verschiedenen und wechselnden Verhältnisse berücksichtigen zu können, habe ich dort zwei extreme Fälle unterschieden; nämlich 1) alles Holz mit Ausnahme des Reisigs und der kurzen Reststücke des Stammholzes kann als Nutzholz abgesetzt werden; 2) alles Holz muss als Brennholz aufgearbeitet werden.

Meinem damaligen Verfahren ist von keiner Seite ein besserer Vorschlag entgegengestellt worden; ich habe daher das gleiche Princip im vorliegenden Falle wieder zur Anwendung gebracht, obwohl ich dessen Mangelhaftigkeit keineswegs verkenne. Es ist jedoch die Berücksichtigung des Qualitätszuwachses für alle wirthschaftlichen Fragen von so wesentlicher Bedeutung, dass ich glaubte, lieber etwas Unvollkommenes bringen, als die betreffenden Untersuchungen ganz unterlassen zu sollen. Die Ausscheidung nach den Brennholzsortimenten ist inzwischen auch noch vom Verein der deutschen forstlichen Versuchsanstalten als obligatorisch bei der Aufstellung von Ertragstafeln erklärt worden.

Die Abgrenzung der Sortimente des Nutzholzes habe ich dieses Mal nach den preussischen Vorschriften vorgenommen. Hiernach werden die Nutzholzstämme nach dem Kubikinhalt in fünf Klassen getheilt: V. Klasse 0,5 fm und weniger, IV. Klasse 0,51—1,00 fm, III. Klasse 1,01—1,50 fm, II. Klasse 1,51 bis 2,00 fm und I. Klasse über 2,00 fm; dabei habe ich unterstellt, dass die Stämme bis zu einer Zopfstärke von 14 cm ausgehalten würden, während der Rest Brennholz (Knüppelholz und Reisig) liefert.

Ausserdem ist noch in einer besonderen Spalte angegeben, wieviel Schnittholz von mehr als 30 cm Zopfstärke und mindestens 3 m Länge in der ganzen Nutzholzmasse enthalten ist.

Behufs Aufstellung der Sortimentsertragstafel wurden die Probestämme, für welche bei den diesmaligen Aufnahmen die Ergebnisse der sectionsweisen Messung den Lagerbüchern einverleibt worden sind, dazu benutzt, um an ihnen zu ermitteln, wie sich ihre Massen auf die verschiedenen Sortimente vertheilen, die Summen für sämmtliche Probestämme gezogen, und der procentuale Antheil der einzelnen Sortimente an der Gesammtmasse berechnet. Da die betreffenden Stämme nach allen Richtungen als Modell der Probefläche dienen, so kann auch angenommen werden, dass die verschiedenen Sortimente auf der ganzen Fläche in demselben Verhältniss anfallen werden, wie bei den Modellstämmen.

Schliesslich wurden für jedes Sortiment, getrennt nach Bonitäten, die Alter der Flächen als Abscissen und die entsprechenden Procente als Ordinaten aufgetragen. Hiernach liessen sich Curven construiren, welche den procentualen Anfall der verschiedenen Sortimente für die einzelnen Altersstufen und Bonitäten darstellen.

Beim „periodischen Abgang" bez. den Zwischennutzungserträgen habe ich eine Theilung des Derbholzes lediglich in Kloben und Knüppel vorgenommen und zwar gemäss den für den Hauptbestand ermittelten Procentverhältnissen, welche infolge der abweichenden Schaftform unterdrückter Stämme bezüglich des Klobenholzes in den jüngsten Altersstufen um 20 %, in den höchsten um 10 % mit allmählichem Uebergang vermindert wurden. Für eine weitere Trennung des Kloben- und Knüppelholzes in „stark" und „schwach" fehlten die nöthigen Anhaltspunkte. Aus dem gleichen Grunde, sowie in Berücksichtigung des Umstandes, dass in der Praxis der weitaus grösste Theil der Durchforstungserträge zu Brennholz aufgearbeitet wird, habe ich davon abgesehen, auch hier eine Berechnung des möglichen Nutzholzanfalles vorzunehmen.

(Siehe Tabelle IX S. 62—65.)

VII. Geldertragstafel.

Wenn auch die Sortimentsertragstafel an und für sich bereits ganz interessante Einblicke in den Entwicklungsgang des Werthszuwachses gestattet, so erhält dieselbe jedoch erst dann ihre volle praktische Bedeutung, wenn die Resultate der Wirthschaft nicht in Holzmassen, sondern in Form von Geld zum Ausdruck gelangen.

Ich habe deshalb den Versuch gemacht, eine Geldertragstafel zu berechnen, welche allerdings nur für die Verhältnisse der hiesigen Lehrreviere, deren Taxen bei der Aufstellung zu Grunde gelegt worden sind, annähernde Giltigkeit besitzt. Wenn die Werthstafeln demnach auch keine allgemeine Geltung beanspruchen können, und eine solche überhaupt niemals erreicht werden kann, so habe ich doch geglaubt, solche bearbeiten zu sollen, da entsprechende Angaben bis jetzt in der Literatur nur sehr spärlich zu finden sind, und immerhin auf diese Weise ein allgemein interessirendes Bild über den Gang des Werthszuwachses in Kiefernbeständen gewonnen wird. Ausserdem finden sich ähnliche Preisverhältnisse wie hier auch noch sonst mehrfach in Preussen, so dass diese Tafeln doch eine weitergehende praktische Bedeutung beanspruchen können.

Die bei der Berechnung angewandten Taxen betragen nach Abzug der Hauerlöhne für den Festmeter:

$$\begin{aligned}
&\text{Stammholz I. Klasse} && 19{,}60 \text{ M.}\\
&\qquad\quad\text{II. } \qquad && 17{,}60 \text{ „}\\
&\qquad\quad\text{III. } \qquad && 14{,}60 \text{ „}\\
&\qquad\quad\text{IV. } \qquad && 12{,}60 \text{ „}\\
&\qquad\quad\text{V. } \qquad && 10{,}60 \text{ „}\\
&\text{Derbholzstangen} [1] \;.\;\;. && 11{,}20 \text{ „}\\
&\text{Reisholzstangen} [1] \;.\;\;. && 5{,}00 \text{ „}\\
&\text{Klobenholz} \;.\;\;.\;\;.\;\;. && 6{,}40 \text{ „}\\
&\text{Knüppel} \;.\;\;.\;\;.\;\;.\;\;. && 3{,}70 \text{ „}\\
&\text{Reisig} \;.\;\;.\;\;.\;\;.\;\;.\;\;. && 0{,}30 \text{ „}
\end{aligned}$$

Ferner wurde angenommen, dass bei Verwerthung des Hauptbestandes das Maximum an Nutzholz (vergl. Tabelle IX) erzielt werde, die Zwischennutzungen dagegen durchgehends in der Form von Brennholz abgegeben werden müssten. Der zweite in den Sortimentenertragstafeln vorgesehene Fall einer ausschliesslichen Brennholzverwerthung bedarf, abgesehen von der Bedeutungslosigkeit für die Praxis, keiner Geldwerthsberechnung, da diese die gleichen Resultate ergeben muss, wie die Massenertragstafeln selbst.

Bei Berechnung des Jetztwerthes des periodischen Abganges sind die Erlöse aus den früheren Zwischennutzungen mit 2 % prolongirt worden; ich glaubte diesen niedrigen Zinssatz hauptsächlich mit Rücksicht auf die Länge der hierbei in Betracht kommenden Zeiträume wählen zu sollen.

(Siehe Tabelle X S. 66.)

Neben den an und für sich interessanten Zahlengrössen des Bestandesverbrauchswerthes und des Werthes der Durchforstungserträge tritt besonders die Höhe bemerkenswerth hervor, bis zu welcher selbst bei dem angenommenen geringen Zinsfuss von 2 % die Zwischennutzungserträge allmählich anwachsen. Dieselben repräsentiren schliesslich 30—40 % des Gesammtwerthes.

---

[1] Die Preise für Derbholz- und Reisholzstangen sind als Durchschnitte aus den verschiedenen Sortimenten berechnet.

Sortiments-

A. Haupt-

Maximum an Nutzholz (umfasst Stammholz und Stangen)

I. Bonität.

Alter	Stammholz: Klasse I		II		III		IV		V		darunter Blockholz über 30 cm Zopfstärke		Stangen: Derbholz		Stangen: Reisig		Knüppel: stark		Knüppel: schwach		Reisig		Summe	
	in %	fm	in %	fm	in %	fm	in %	fm	in %	fm	in %	fm	in %	fm	in %	fm	in %	fm	in %	fm	in %	fm	in %	fm
30	—	—	—	—	—	—	—	—	18	43	—	—	59	143	—	—	2	5	3	7	18	43	100	241
40	—	—	—	—	—	—	—	—	39	125	—	—	34	109	—	—	9	29	2	6	16	51	100	320
50	—	—	—	—	—	—	14	54	45	174	—	—	16	62	—	—	8	31	2	8	15	58	100	387
60	—	—	—	—	7	31	30	137	34	155	4	18	5	21	—	—	8	31	2	8	14	62	100	445
70	—	—	—	—	16	79	41	203	20	99	8	40	—	—	—	—	7	35	3	15	13	64	100	495
80	—	—	4	21	25	136	46	245	7	38	14	75	—	—	—	—	4	22	2	11	12	64	100	537
90	—	—	15	86	32	182	38	217	—	—	22	116	—	—	—	—	3	17	1	6	11	63	100	571
100	5	30	26	156	34	204	22	132	—	—	30	180	—	—	—	—	2	12	1	6	10	60	100	600
110	15	94	37	233	30	188	6	38	—	—	38	238	—	—	—	—	1	6	1	6	10	60	100	625
120	24	156	43	279	22	142	—	—	—	—	47	305	—	—	—	—	1	6	1	6	9	59	100	648
130	38	257	38	257	13	87	—	—	—	—	54	362	—	—	—	—	1	6	1	6	9	57	100	670
140	56	387	32	221	3	21	—	—	—	—	65	449	—	—	—	—	1	6	—	—	8	55	100	690

II. Bonität.

Alter	Stammholz: Klasse I		II		III		IV		V		darunter Blockholz über 30 cm Zopfstärke		Stangen: Derbholz		Stangen: Reisig		Knüppel: stark		Knüppel: schwach		Reisig		Summe	
	in %	fm	in %	fm	in %	fm	in %	fm	in %	fm	in %	fm	in %	fm	in %	fm	in %	fm	in %	fm	in %	fm	in %	fm
30	—	—	—	—	—	—	—	—	—	—	—	—	72	136	4	8	—	—	1	2	23	43	100	189
40	—	—	—	—	—	—	—	—	23	58	—	—	52	132	—	—	3	8	2	5	20	51	100	254
50	—	—	—	—	—	—	—	—	42	132	—	—	30	94	—	—	8	25	3	10	17	53	100	314
60	—	—	—	—	—	—	14	51	47	172	—	—	12	44	—	—	9	33	3	11	15	55	100	366
70	—	—	—	—	6	24	27	113	37	154	4	16	—	—	—	—	7	28	9	37	13	54	100	410
80	—	—	—	—	17	77	38	169	23	103	10	45	—	—	—	—	5	22	5	22	12	53	100	446
90	—	—	—	—	27	128	43	204	12	57	17	81	—	—	—	—	4	19	3	15	11	52	100	475
100	—	—	9	45	34	171	38	189	3	15	24	120	—	—	—	—	3	15	3	13	10	52	100	500
110	7	37	19	99	36	188	24	125	—	—	31	162	—	—	—	—	2	10	2	10	10	52	100	521
120	18	98	26	141	31	168	12	65	—	—	39	211	—	—	—	—	2	10	1	6	10	52	100	540
130	28	156	32	178	29	161	—	—	—	—	48	267	—	—	—	—	1	6	1	5	9	51	100	557
140	43	246	23	132	24	137	—	—	—	—	56	320	—	—	—	—	1	6	—	—	9	51	100	572

Tabelle IX.

Ertragstafel.

Bestand												B. Periodischer Abgang							
Nur Brennholz												Nur Brennholz							
Kloben				Knüppel				Reisig		Summe		Kloben		Knüppel		Reisig		Summe	
stark		schwach		stark		schwach													
in %	fm	in %	fm	in %	fm	in %	fm	in %	fm	in %	fm	in %	fm	in %	fm	in %	fm	in %	fm
—	—	25	60	14	34	26	63	35	84	100	241	20	7,0	43	14,0	37	12,0	100	33
—	—	46	147	16	51	15	48	23	74	100	320	38	14,0	37	14,0	25	9,0	100	37
—	—	60	232	14	54	8	31	18	70	100	387	54	22,0	34	14,0	12	5,0	100	41
4	17	68	300	10	44	4	18	14	66	100	445	60	26,0	31	14,0	9	4,0	100	44
8	40	69	341	7	35	3	15	13	64	100	495	65	27,0	26	11,0	9	4,0	100	42
15	81	67	359	4	22	2	11	12	64	100	537	72	26,0	19	7,0	9	3,0	100	36
22	125	63	360	3	17	1	6	11	63	100	571	75	22,5	17	5,1	8	2,4	100	30
30	180	57	340	2	12	1	6	10	62	100	600	77	19,3	15	3,7	8	2,0	100	25
39	244	49	307	1	6	1	6	10	62	100	625	79	17,4	14	3,1	7	1,5	100	22
48	311	41	265	1	6	1	6	9	60	100	648	80	16,0	13	2,6	7	1,4	100	20
57	384	32	216	1	6	1	6	9	58	100	670	81	15,0	13	1,8	6	1,2	100	18
67	463	24	166	1	6	—	—	8	55	100	690	82	14,9	12	1,7	6	1,2	100	18
—	—	16	30	8	15	36	68	40	76	100	189	13	4,0	42	12,0	45	13,0	100	29
—	—	33	84	21	53	20	51	26	66	100	254	23	8,0	49	16,0	28	9,0	100	33
—	—	51	160	15	47	15	47	19	60	100	314	41	16,5	41	15,5	18	7,0	100	39
—	—	63	231	11	40	11	40	15	55	100	366	51	23,5	39	14,5	10	4,0	100	42
4	16	67	275	7	28	9	37	13	54	100	410	56	21,8	35	13,7	9	3,5	100	39
10	45	68	304	5	22	5	22	12	53	100	446	61	19,4	30	9,6	9	3,0	100	32
17	80	65	309	4	19	3	15	11	52	100	475	66	17,8	25	6,7	9	2,5	100	27
24	119	60	301	3	15	3	13	10	52	100	500	71	16,2	21	4,8	8	2,0	100	23
32	167	54	282	2	10	2	10	10	52	100	521	75	14,3	17	3,2	8	1,5	100	19
40	217	47	255	2	11	1	5	10	52	100	540	78	13,2	15	2,6	7	1,2	100	17
48	267	41	228	1	6	1	5	9	51	100	557	80	12,8	13	2,0	7	1,2	100	16
56	320	34	195	1	6	—	—	9	51	100	572	81	12,2	12	1,8	7	1,1	100	15

A. Haupt-

Maximum an Nutzholz

Column groups: *Stammholz* — Klasse I–V und darunter Blockholz über 30 cm Zopfstärke; *Stangen* — Derbholz, Reisig; *Knüppel* — stark, schwach; Reisig; Summe. Jede Spalte in % und fm.

III. Bonität.

Alter	Klasse I		Klasse II		Klasse III		Klasse IV		Klasse V		darunter Blockholz über 30 cm Zopfstärke		Stangen Derbholz		Stangen Reisig		Knüppel stark		Knüppel schwach		Reisig		Summe	
	in %	fm	in %	fm	in %	fm	in %	fm	in %	fm	in %	fm	in %	fm	in %	fm	in %	fm	in %	fm	in %	fm	in %	fm
30	—	—	—	—	—	—	—	—	—	—	—	—	78	123	10	16	—	—	1	2	11	17	100	158
40	—	—	—	—	—	—	—	—	—	—	—	—	69	146	5	11	1	2	2	4	23	48	100	211
50	—	—	—	—	—	—	—	—	25	64	—	—	47	120	1	3	6	14	3	7	18	47	100	255
60	—	—	—	—	—	—	—	—	42	122	—	—	29	85	—	—	11	32	2	6	16	47	100	292
70	—	—	—	—	—	—	16	52	48	156	—	—	12	39	—	—	9	29	1	3	14	46	100	325
80	—	—	—	—	—	—	30	107	41	145	2	7	1	4	—	—	12	42	3	10	13	46	100	354
90	—	—	—	—	4	15	40	152	33	126	9	34	—	—	—	—	8	30	3	11	12	45	100	379
100	—	—	—	—	16	65	41	164	24	97	16	64	—	—	—	—	5	20	3	10	11	44	100	400
110	—	—	9	38	28	118	31	129	15	62	24	100	—	—	—	—	4	17	2	9	11	44	100	417
120	—	—	17	74	38	163	21	91	10	43	31	134	—	—	—	—	2	9	2	8	10	43	100	431

IV. Bonität.

Alter	Klasse I		Klasse II		Klasse III		Klasse IV		Klasse V		darunter Blockholz über 30 cm Zopfstärke		Stangen Derbholz		Stangen Reisig		Knüppel stark		Knüppel schwach		Reisig		Summe	
	in %	fm	in %	fm	in %	fm	in %	fm	in %	fm	in %	fm	in %	fm	in %	fm	in %	fm	in %	fm	in %	fm	in %	fm
30	—	—	—	—	—	—	—	—	—	—	—	—	70	72	20	21	—	—	1	1	9	9	100	103
40	—	—	—	—	—	—	—	—	—	—	—	—	74	110	12	17	—	—	2	2	12	19	100	148
50	—	—	—	—	—	—	—	—	—	—	—	—	73	138	6	11	2	4	3	6	16	30	100	189
60	—	—	—	—	—	—	—	—	19	42	—	—	58	129	3	7	2	3	2	6	16	36	100	223
70	—	—	—	—	—	—	—	—	40	100	—	—	42	105	—	—	2	5	1	2	15	37	100	249
80	—	—	—	—	—	—	6	16	50	135	—	—	25	67	—	—	3	8	1	3	15	41	100	270
90	—	—	—	—	—	—	20	59	47	135	—	—	9	25	—	—	8	22	2	5	14	41	100	287
100	—	—	—	—	—	—	31	93	41	123	3	9	—	—	—	—	9	27	5	15	14	42	100	300
110	—	—	—	—	2	6	39	121	35	108	8	25	—	—	—	—	6	20	5	14	13	40	100	309
120	—	—	—	—	7	22	46	146	27	85	13	41	—	—	—	—	4	13	4	13	12	38	100	317

V. Bonität.

Alter	Klasse I		Klasse II		Klasse III		Klasse IV		Klasse V		darunter Blockholz über 30 cm Zopfstärke		Stangen Derbholz		Stangen Reisig		Knüppel stark		Knüppel schwach		Reisig		Summe	
	in %	fm	in %	fm	in %	fm	in %	fm	in %	fm	in %	fm	in %	fm	in %	fm	in %	fm	in %	fm	in %	fm	in %	fm
30	—	—	—	—	—	—	—	—	—	—	—	—	63	36	30	17	—	—	—	—	7	4	100	57
40	—	—	—	—	—	—	—	—	—	—	—	—	69	61	23	20	—	—	—	—	8	7	100	88
50	—	—	—	—	—	—	—	—	—	—	—	—	75	87	16	19	—	—	—	—	9	11	100	117
60	—	—	—	—	—	—	—	—	—	—	—	—	74	105	13	18	—	—	2	3	11	16	100	142
70	—	—	—	—	—	—	—	—	6	10	—	—	68	111	8	13	2	3	3	5	13	21	100	163
80	—	—	—	—	—	—	—	—	21	38	—	—	53	96	4	7	3	5	4	7	15	27	100	180
90	—	—	—	—	—	—	—	—	35	67	—	—	37	71	1	2	7	13	3	6	17	32	100	191
100	—	—	—	—	—	—	12	24	42	84	—	—	15	30	—	—	9	18	4	8	18	36	100	200

Bestand — Nur Brennholz — Kloben stark in %	fm	Kloben schwach in %	fm	Knüppel stark in %	fm	Knüppel schwach in %	fm	Reisig in %	fm	Summe in %	fm	B. Periodischer Abgang — Nur Brennholz — Kloben in %	fm	Knüppel in %	fm	Reisig in %	fm	Summe in %	fm
—	—	4	6	4	6	44	71	48	75	100	158	2	0,4	46	10,6	52	12,0	100	23
—	—	24	51	17	36	28	59	31	65	100	211	20	6,0	45	13,0	35	10,0	100	29
—	—	40	102	23	59	14	35	23	59	100	255	35	11,5	44	14,5	21	7,0	100	33
—	—	55	161	20	58	8	23	17	50	100	292	46	17,0	36	14,0	18	6,0	100	37
—	—	64	208	17	55	4	13	15	49	100	325	54	19,0	34	12,0	12	4,0	100	35
4	14	67	239	12	43	4	12	13	46	100	354	61	18,0	29	9,0	10	3,0	100	30
11	42	66	251	8	30	3	11	12	45	100	379	67	16,1	23	5,5	10	2,4	100	24
18	73	63	253	5	20	3	10	11	44	100	400	71	14,2	20	4,0	9	1,8	100	20
24	100	59	247	4	17	2	9	11	44	100	417	75	12,7	16	2,7	9	1,6	100	17
32	138	54	232	2	9	2	8	10	44	100	431	78	11,6	13	2,0	9	1,4	100	15
—	—	—	—	2	2	40	41	58	60	100	103	—	—	27	3,0	73	8,0	100	11
—	—	10	15	9	14	41	62	40	57	100	148	4	1,0	52	13,0	44	11,0	100	25
—	—	25	47	18	34	30	57	27	51	100	189	16	4,0	62	17,0	22	6,0	100	27
—	—	40	89	24	53	16	36	20	45	100	223	22	6,0	58	16,0	20	6,0	100	28
—	—	53	131	21	52	8	20	18	44	100	249	30	8,0	52	14,0	18	5,0	100	27
—	—	61	165	16	43	7	19	16	43	100	270	45	10,3	40	9,2	15	3,5	100	23
2	6	65	187	12	34	6	17	15	43	100	287	53	10,1	34	6,4	13	2,5	100	19
5	15	67	201	9	27	5	15	14	42	100	300	58	9,9	30	5,1	12	2,0	100	17
10	31	66	204	6	20	5	14	13	40	100	309	64	9,6	24	3,6	12	1,8	100	15
15	47	65	206	4	13	4	13	12	38	100	317	70	9,1	18	2,3	12	1,6	100	13
—	—	—	—	—	—	23	13	77	44	100	57	—	—	—	—	—	—	—	—
—	—	—	—	4	4	42	37	54	47	100	88	—	—	38	5,0	62	8,0	100	13
—	—	—	—	14	17	49	57	37	43	100	117	—	—	69	11,0	31	5,0	100	16
—	—	9	13	23	33	38	54	30	42	100	142	2	0,3	73	11,7	25	4,0	100	16
—	—	24	39	28	46	23	37	25	41	100	163	14	2,1	64	9,6	22	3,3	100	15
—	—	35	63	26	47	16	29	23	41	100	180	27	3,8	54	7,5	19	2,7	100	14
—	—	45	86	21	40	13	25	21	40	100	191	39	5,1	43	5,6	18	2,3	100	13
—	—	54	108	16	32	10	20	20	40	100	200	51	6,1	31	3,7	18	2,2	100	12

Versuch einer Geldertragstafel.

Tabelle X.

Alter	Erntekostenfreier Taxwerth des Hauptbestandes	Erntekostenfreier Taxwerth des periodischen Abgangs	Jetztwerth des gesammten bisherigen periodischen Abgangs	Hauptbestand und periodischer Abgang: Gesammter Werth	Werth des periodischen Abgangs in % des Gesammtwerthes	Werthszuwachs durchschnittlich jährlicher des Hauptbestandes	Werthszuwachs durchschnittlich jährlicher der Gesammtmasse	laufendjährlicher der Gesammtmasse Mark	laufendjährlicher der Gesammtmasse %
Jahre	Mark	Mark	Mark	Mark	%	Mark	Mark	Mark	%
I. Bonität.									
30	2 123	102	102	2 225	4,6	71	74		
40	2 701	146	271	2 972	9,1	67	74	75	2,9
50	3 392	195	525	3 917	10,9	68	78	95	2,8
60	4 232	220	860	5 092	16,9	70	85	118	2,6
70	5 089	213	1 262	6 351	19,9	73	91	126	2,2
80	5 999	194	1 732	7 731	22,4	75	97	138	2,0
90	7 022	164	2 276	9 298	24,5	78	103	157	1,8
100	8 080	138	2 912	10 992	26,5	81	110	169	1,6
110	9 152	123	3 673	12 825	28,7	83	117	183	1,5
120	10 105	113	4 591	14 696	30,6	84	122	187	1,4
130	10 972	103	5 699	16 671	34,2	84	128	298	1,3
140	11 831	102	7 052	18 883	37,4	85	135	221	1,2
II. Bonität.									
30	1 592	76	76	1 668	4,6	53	56		
40	2 167	115	208	2 375	8,8	54	59	71	3,5
50	2 608	166	420	3 028	13,9	52	61	65	2,4
60	3 149	206	718	3 867	18,6	52	64	84	2,4
70	3 674	192	1 067	4 741	22,5	52	68	87	2,0
80	4 535	161	1 462	5 997	24,4	57	75	126	2,3
90	5 195	140	1 922	7 117	27,0	58	79	112	1,7
100	5 959	122	2 465	8 424	29,3	60	84	131	1,7
110	6 887	104	3 109	9 996	31,1	63	91	157	1,7
120	7 759	95	3 885	11 644	33,4	65	97	165	1,5
130	8 607	90	4 826	13 433	35,9	66	103	179	1,4
140	9 193	85	5 968	15 161	39,4	66	108	173	1,2
III. Bonität.									
30	1 473	46	46	1 520	3,0	49	51		
40	1 736	91	148	1 884	7,9	43	47	36	2,1
50	2 138	130	311	2 450	12,2	43	49	57	2,6
60	2 409	163	543	2 952	18,4	40	49	50	1,9
70	2 887	168	830	3 717	22,3	40	53	77	2,3
80	3 145	150	1 162	4 307	27,0	39	54	59	1,5
90	3 644	126	1 541	5 185	29,7	40	58	88	1,9
100	4 176	106	1 985	6 162	32,2	42	62	98	1,7
110	4 792	92	2 512	7 304	34,4	44	66	114	1,7
120	5 369	82	3 144	8 513	36,9	45	71	121	1,5
IV. Bonität.									
30	917	15	15	932	1,6	30	31		
40	1 334	60	78	1 412	5,5	33	35	58	4,9
50	1 653	91	187	1 840	10,2	33	37	43	2,6
60	1 976	101	328	2 304	14,2	33	38	46	2,2
70	2 280	105	505	2 785	18,1	33	40	48	1,9
80	2 444	102	718	3 162	22,7	31	40	38	1,2
90	2 575	90	965	3 540	27,3	29	39	38	1,1
100	2 652	83	1 260	3 912	32,2	27	39	37	1,0
110	2 903	76	1 612	4 515	35,7	26	41	60	0,7
120	3 177	67	2 032	5 210	39,0	26	43	70	0,7

Alter	Erntekostenfreier Taxwerth des Hauptbestandes	Erntekostenfreier Taxwerth des periodischen Abgangs	Jetztwerth des gesammten bisherigen periodischen Abgangs	Hauptbestand und periodischer Abgang		Werthszuwachs		
				Gesammt-werth	Werth des periodischen Abgangs in %o des Gesammt-werthes	durchschnittlich jährlicher		laufendjähr-licher
						des Haupt-bestandes	der Gesammt-masse	der Gesammt-masse
Jahr	Mark				%o	Mark		Mark | %o

V. Bonität.

Alter	Taxw. Hauptbest.	Taxw. period. Abg.	Jetztw. period. Abg.	Gesammt-werth	Abgang %o	des Hauptbest.	der Gesammtmasse	laufendjährl. Mark	%o
30	490	—	—	490		16	16	32	4,9
40	787	23	23	809	2,7	20	20	34	3,5
50	1 074	43	71	1 146	6,2	21	23	27	2,1
60	1 205	47	134	1 419	9,4	21	24	25	1,6
70	1 454	51	214	1 668	12,8	21	24	22	1,2
80	1 570	53	314	1 885	16,6	20	23	15	0,8
90	1 602	54	437	2 039	21,4	18	23	19	0,9
100	1 643	54	587	2 230	26,3	16	22		

Bezüglich des Geldertrages zeigt sich der Unterschied der Bonitäten erheblich schärfer, als bei Berücksichtigung der Masse allein. Während im 120jährigen Alter die Abtriebserträge des Hauptbestandes zwischen den vier oberen Bonitäten sich verhalten wie 100 : 83 : 67 : 48, ist dieses Verhältniss für den Geldwerth 100 : 76 : 53 : 31.

Der Gang des Bestandesverbrauchswerthes ist auf Tafel III graphisch dargestellt. Derselbe steigt Anfangs allmählich, dann rascher an, um diese Tendenz in den besten Bonitäten fast bis in das höchste Alter beizubehalten, während in den geringeren Bonitäten die Zunahme bald nur noch eine mässige ist, und in der V. Bonität die betr. Curve in ihrem weiteren Verlauf sich den Horizontalen sehr nähert.

Kleine Unregelmässigkeiten, welche namentlich in der folgenden Tabelle XI schärfer hervortreten, sind dadurch veranlasst, dass der Taxwerth für die Derbholzstangen 11,20 M., für Stammholz V. Klasse dagegen nur 10,60 M. ist; bei einer Zunahme der Stärke tritt daher eine Minderung des Werthes ein.

Der durchschnittlich-jährliche Werthszuwachs des Hauptbestandes scheint für die drei oberen Bonitäten eben im 140-, bez. im 120jährigen Alter sein Maximum zu erreichen. Dass in der IV. Bonität die Culmination relativ so früh eintritt, dürfte in der Hauptsache auf die eben erwähnte Preisdifferenz zwischen Derbholzstangen und Stammholz V. Klasse zurückzuführen sein. Wenn man berücksichtigt, dass der Anfall an Derbholzstangen in IV. und V. Bonität thatsächlich erheblich geringer ist, als bei alleiniger Berücksichtigung der Stammdurchmesser in 1 m Höhe angenommen werden muss, und auch das Stammreisig nur zum kleineren Theil als Reisigstangen abgesetzt werden kann, dürfte das Maximum des durchschnittlichen Werthszuwachses für die IV. Bonität zwischen dem 100- und 120 jährigen Alter, für die V. Bonität zwischen dem 90. und 100. Jahre liegen.

Infolge des Einflusses der Zinsen aus den Zwischennutzungserträgen ist der Gang des Durchschnittszuwachses für die Gesammtmasse anders, als für jene des Hauptbestandes allein. Jener steigt im höheren Alter stärker als der letztere und erreicht, mit Ausnahme der V. Bonität, innerhalb der Altersperioden, für welche die Ertragstafel aufgestellt ist, noch nicht entfernt sein Maximum, sondern befindet sich noch weit unter dem laufendjährlichen Zuwachs.

Das laufendjährliche Werthszuwachsprocent der Gesammtmasse ist für die drei ersten Bonitäten in der Periode von 80—120 Jahren annähernd gleich und beträgt hier ca. 1,5 %. Dasselbe fällt vom 40. Jahre ab in allen Bonitäten und ist vom 50. Jahre an durchgehends geringer als 3 %.

Die vorstehende Tabelle enthält in Spalte „Gesammter Werth" die Grösse $A_u + D_a . 1, op^{u-a} + \ldots$ ausgerechnet und ermöglicht es leicht, den finanziellen Effect der Wirthschaft durch Berechnung der Bodenerwartungswerthe zu ermitteln. Dieses soll im Nachstehenden ebenfalls für die Verhältnisse des Regierungsbezirks Potsdam bez. der hiesigen Lehrforsten geschehen.

Nach den Mittheilungen des Forstassessors Schultze in der Winterversammlung des märkischen Forstvereins am 26. Februar 1887[1]) berechnen sich die Verwaltungskosten pro ha im Regierungsbezirk Potsdam für das Jahr 1885/86 in folgender Weise:

Verwaltungskosten . . . . 1,10 M.
Schutzkosten . . . . 1,49 „
Unterhaltung und Neubau von Forst-
    dienstgebäuden . . . . 0,82 „
Kosten der Gelderhebung . . . . . 0,31 „
Forstwegebaukosten . . . . 0,64 „
Insectenvertilgungskosten . . . . . 0,12 „
Uebrige Ausgaben . . . . 0,51 „

                                        Sa. 4,99 M. oder rund 5 M.

[1]) Bericht über die XV. Versammlung des märkischen Forstvereins. Potsdam 1887, p. 120 ff.

Die Communallasten, Ablösungsrenten und Kosten der Ablösung von Forstservituten mit zusammen 1,17 M. pro ha wurden ausser Ansatz gelassen, weil sie mit Ausnahme der Communallasten eine mit der Waldwirthschaft durchaus nicht nothwendig zusammenhängende Eigenthumsbelastung darstellen und andererseits auch die Erträge aus Nebennutzungen und Jagd nicht in Rechnung gezogen worden sind.

Die Kosten für Kiefernkulturen betragen in den hiesigen Institutsrevieren für Saat 40 M. pro ha, für Pflanzung 60 M., im Durchschnitt 50 M.; rechnet man noch 40 % für Nachbesserungen und 5 M. für Rüsselkäfergräben und sonstige Kosten, so ergibt sich ein Kulturkostenaufwand von 75 M.

Mit diesen Grössen und den in der Tabelle enthaltenen Ansätzen für die Werthe des Hauptbestandes und periodischen Abganges berechnen sich folgende Bodenerwartungswerthe für das Alter 80, 100, 120 und 140:

a) bei 2 % Zinsen

Bonität:	I	II	III	IV	V
Be_{80}	1650 M.	1203 M.	767 M.	471 M.	142 M.
Be_{100}	1424 „	1012 „	649 „	290 „	120 „
Be_{120}	1172 „	860 „	536 „	201 „	—
Be_{140}	929 „	681 „	—	—	—

b) bei 3 % Zinsen [1])

Bonität:	I	II	III	IV	V
Be_{80}	608 M.	416 M.	230 M.	97 M.	— 47 M.
Be_{100}	442 „	287 „	144 „	1 „	—111 „
Be_{120}	304 „	194 „	78 „	—46 „	—
Be_{140}	197 „	114 „	—	—	—

Angesichts dieser Zahlen erscheint die Kiefernwirthschaft auch vom Standpunkt der Reinertragstheorie aus keineswegs so wenig rentabel, als gewöhnlich angenommen wird [2]).

Bei 3 % und einer Nutzholzausbeute von 95 % des Derbholzertrages ist sogar auf IV. Bonität noch ein Unternehmergewinn inso-

---

[1]) Für die Zwecke der Berechnung des Bodenerwartungswerthes mit 3 %, sind natürlich auch die Zwischennutzungserträge mit 3 % prolongirt, die betr. Zahlen sind jedoch nicht in Tabelle XI aufgenommen worden, um dieselbe nicht unnöthig auszudehnen.

[2]) Vgl. auch: Compter, Rentirt die Waldwirthschaft oder nicht? Allgem. Forst- und Jagdzeitung, 1881, p. 329.

fern vorhanden, als der Bodenerwartungswerth noch bei 80jährigen und kürzeren Umtrieben den Bodenverkaufswerth noch übersteigt. Dieser schwankt nach den preussischen Verhältnissen bei Kiefernböden IV. und V. Bonität zwischen 50—200 M. und steigt für die besseren Bonitäten bis auf 500 M.[1]). Wird nicht das Maximum des Bodenerwartungswerthes als Wirthschaftsziel erstrebt, wofür angemessene Zahlen wegen des beim Uebergang hierzu nöthigen Massenangebotes schwachen Holzes zur Zeit auch nur mit annähernder Genauigkeit nicht beschafft werden können, sondern begnügt man sich damit, dass die Forstwirthschaft überhaupt einen Unternehmergewinn abwirft, so ist bei einem Wirthschaftszinsfuss von $2^1/_2$ %/0 selbst auf den geringsten Böden eine Umtriebszeit von 80—100 Jahren möglich; bei diesem Zinsfuss bringen die besseren Böden selbst im 120jährigen Umtriebe ganz anständige Renten.

Die Zahlen der Tabelle X beweisen ferner, dass es nur unter sehr günstigen Bedingungen zulässig erscheint, auf mittleren und guten Kiefernböden, welche thatsächlich den grössten Antheil am Gesammtertrag der Forstwirthschaft in den östlichen Provinzen haben, den Versuch zu machen, an Stelle der Kiefer in ausgedehntem Mass die Eiche nachzuziehen, denn diese wird selbst im besten Fall niemals so hohe Renten liefern wie jene, und versagt, wie der Augenschein beweist, auf weniger günstigen Böden trotz der theilweise enormen Kulturkosten schon gar häufig in der Jugend da den Dienst, wo vorher prächtige und massenreiche Kiefernbestände gestockt haben!

Da es für viele Zwecke wünschenswerth ist, neben den Beträgen, welche die Jetztwerthe der Erlöse für die Flächeneinheit darstellen, auch jene Grösse kennen zu lernen, welche die Nettoeinnahme für Holz im jährlichen Betrieb repräsentirt, so sind in Tabelle XI noch die Ziffern zusammengestellt, welche für die betreffende Umtriebszeit dem Ausdruck: $A_u + D_a + D_b \ldots$ entsprechen.

(Siehe Tabelle XI S. 71.)

Es wird genügen, aus dieser Tabelle nur jenes Moment hervorzuheben, welches für die Bestimmung der Umtriebszeit von besonderer Bedeutung ist, nämlich die Culmination des durchschnittlich jährlichen Werthszuwachses.

---

[1]) Weitere Angaben über die Höhe des Bodenverkaufswerthes enthält: G. Heyer, Anleitung zur Waldwerthberechnung, 1883, 3. Aufl. p. 50.

Tabelle XI.

I. Bonität.

Alter (Jahre)	Erntekostenfreier Taxwerth des Hauptbestandes (Mark)	des gesammten bisherigen periodischen Abgangs (Mark)	des Hauptbestandes und bisherigen periodischen Abgangs (Mark)	Werthszuwachs des Hauptbestandes und periodischen Abgangs, durchschnittlich jährlicher (Mark)	Werthszuwachs des Hauptbestandes und periodischen Abgangs, laufend-jährlicher (Mark)
30	2 123	102	2 225	74	
40	2 701	248	2 958	74	73
50	3 392	443	3 835	77	88
60	4 232	663	4 895	82	106
70	5 089	876	5 965	85	107
80	5 999	1 070	7 069	88	110
90	7 022	1 234	8 256	92	119
100	8 080	1 372	9 452	95	120
110	9 152	1 495	10 647	97	119
120	10 195	1 608	11 713	98	107
130	10 972	1 711	12 683	98	97
140	11 831	1 813	13 644	97	96

II. Bonität.

Alter (Jahre)	Erntekostenfreier Taxwerth des Hauptbestandes (Mark)	des gesammten bisherigen periodischen Abgangs (Mark)	des Hauptbestandes und bisherigen periodischen Abgangs (Mark)	Werthszuwachs durchschnittlich jährlicher (Mark)	Werthszuwachs laufend-jährlicher (Mark)
30	1 592	76	1 668	56	
40	2 167	191	2 358	59	69
50	2 608	357	2 965	59	61
60	3 149	563	3 712	62	75
70	3 674	755	4 429	63	72
80	4 535	916	5 451	68	102
90	5 195	1 056	6 251	69	80
100	5 959	1 178	7 137	71	89
110	6 887	1 282	8 169	74	103
120	7 759	1 377	9 136	76	97
130	8 607	1 467	10 074	77	94
140	9 193	1 552	10 745	77	67

III. Bonität.

Alter (Jahre)	Erntekostenfreier Taxwerth des Hauptbestandes (Mark)	des gesammten bisherigen periodischen Abgangs (Mark)	des Hauptbestandes und bisherigen periodischen Abgangs (Mark)	Werthszuwachs durchschnittlich jährlicher (Mark)	Werthszuwachs laufend-jährlicher (Mark)
30	1 473	46	1 519	51	
40	1 736	137	1 873	47	35
50	2 138	267	2 405	48	53
60	2 409	430	2 839	47	43
70	2 887	598	3 485	50	65
80	3 145	748	3 893	49	41
90	3 644	874	4 518	50	63
100	4 176	980	5 156	52	64
110	4 792	1 072	5 864	53	71
120	5 369	1 154	6 523	54	66

IV. Bonität.

Alter (Jahre)	Erntekostenfreier Taxwerth des Hauptbestandes (Mark)	des gesammten bisherigen periodischen Abgangs (Mark)	des Hauptbestandes und bisherigen periodischen Abgangs (Mark)	Werthszuwachs durchschnittlich jährlicher (Mark)	Werthszuwachs laufend-jährlicher (Mark)
30	917	15	932	31	
40	1 334	75	1 409	35	47
50	1 653	166	1 819	36	41
60	1 976	267	2 243	37	42
70	2 280	372	2 652	38	41
80	2 444	474	2 918	37	27
90	2 575	564	3 139	35	22
100	2 652	647	3 299	33	16
110	2 903	723	3 626	33	33
120	3 177	790	3 967	33	34

V. Bonität.

Alter (Jahre)	Erntekostenfreier Taxwerth des Hauptbestandes (Mark)	des gesammten bisherigen periodischen Abgangs (Mark)	des Hauptbestandes und bisherigen periodischen Abgangs (Mark)	Werthszuwachs durchschnittlich jährlicher (Mark)	Werthszuwachs laufend-jährlicher (Mark)
30	490	—	490	16	
40	787	23	810	20	32
50	1 074	66	1 140	23	33
60	1 205	113	1 318	22	18
70	1 454	164	1 618	23	30
80	1 570	217	1 787	22	17
90	1 602	271	1 873	21	9
100	1 643	325	1 968	20	9

Diese Culmination tritt erst ziemlich spät ein und zwar für die

I. Bonität im Alter 120—140

II.   „   „   „ 130—140

III.   „   „   „ 120—130

IV.   „   „   „ 110—120

V.   „   „   „   70—80

Wenn das Maximum des Werthsdurchschnittszuwachses Wirthschaftsziel ist, ein Fall, welcher bei den meisten Staatsforstverwaltungen vorliegt, so muss, abgesehen von der geringsten Bonität, die Umtriebszeit auf mindestens 120 Jahre festgesetzt und darf bei den besten Bonitäten sogar bis auf 140 Jahre erhöht werden. Die hier und da bestehende Tendenz, die Umtriebszeit auf 100 Jahre und sogar noch darunter selbst auf den besseren Bonitäten herabzusetzen, erscheint unter der oben gemachten Voraussetzung einer auf Erzielung von möglichst viel Nutzholz gerichteten Wirthschaft unzulässig.

Preise, welche von den hier zu Grunde gelegten abweichen, werden selbstverständlich auch zu anderen Ergebnissen bezüglich der Culmination des durchschnittlichen Werthszuwachses führen; allein bei den Verhältnissen, welche in den östlichen Provinzen von Preussen vorliegen, wo die schwächeren Sortimente in der Regel erheblich schlechter absetzbar sind als in der Nähe von Berlin, und infolgedessen der Werthszuwachs pro Festmeter im höheren Alter noch beträchtlicher ist als hier, dürfte das Resultat solcher Untersuchungen eher ein Hinausrücken der Culmination als ein früheres Eintreten derselben sein.

Weitere Untersuchungen über die Rentabilität der Kiefernwirthschaft müssen einer besonderen Arbeit vorbehalten werden.

Zum Schlusse spreche ich den Herren Regierungs- und Lokalforstbeamten, welche mich bei meinen Reisen behufs Auswahl und Besichtigung von Probeflächen in äusserst zuvorkommender Weise unterstützt und begleitet, und dadurch meine Orientirung in einem so ausgedehnten und mir bis dahin völlig fremden Gebiet in verhältnissmässig äusserst kurzer Zeit ermöglicht haben, öffentlich meinen verbindlichsten Dank aus. In gleicher Weise fühle ich mich hierzu gegen Herrn Forstassessor Fricke verpflichtet, welcher mich bei den umfangreichen und mühevollen Berechnungen auf das Beste unterstützt hat.

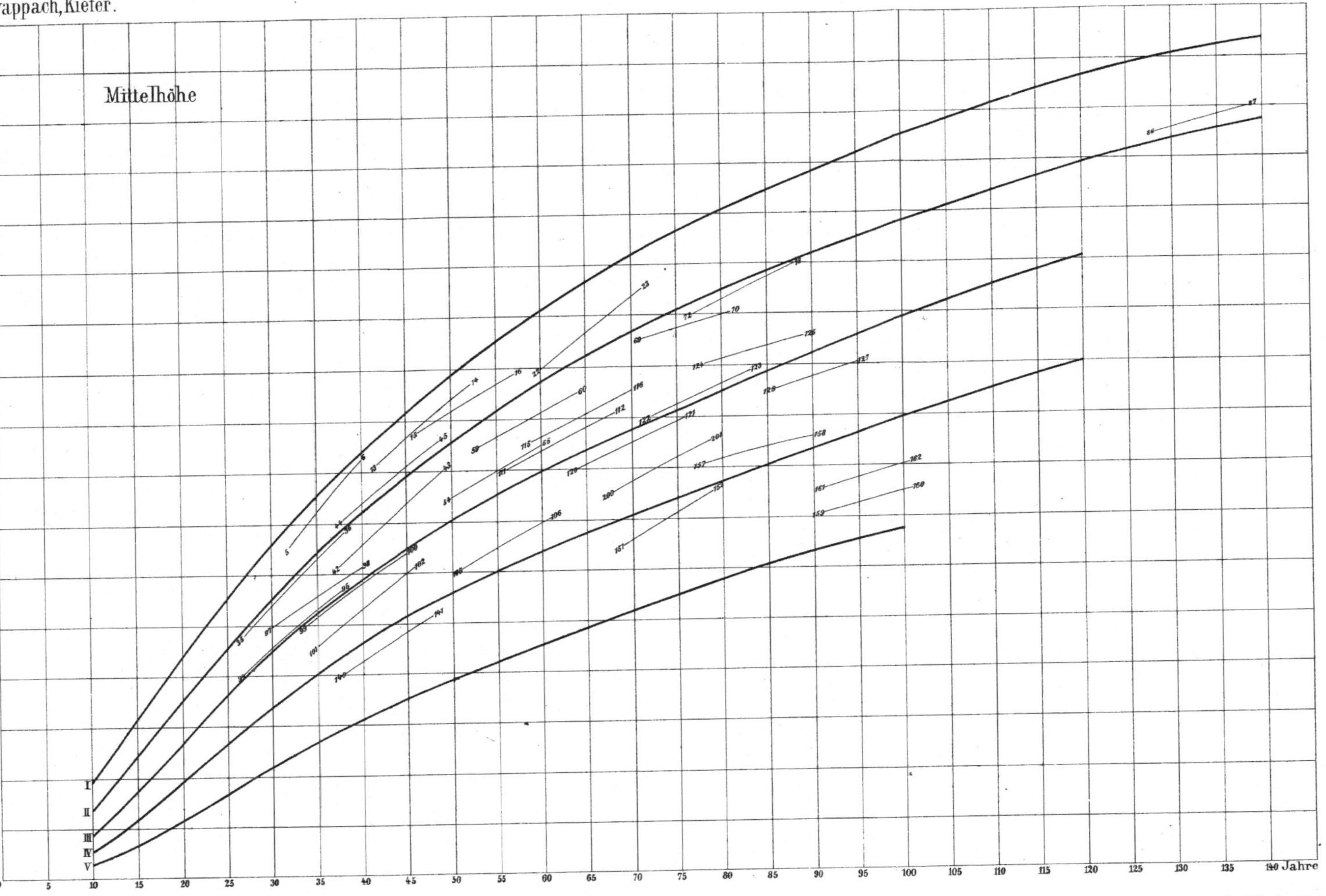

Schwappach, Kiefer.
Tafel I.
Meter
Mittelhöhe
Jahre
I
II
III
IV
V
Verlag von Julius Springer in Berlin N.
Autogr. Anst. von Alfred Müller, Leipzig-Reudnitz.

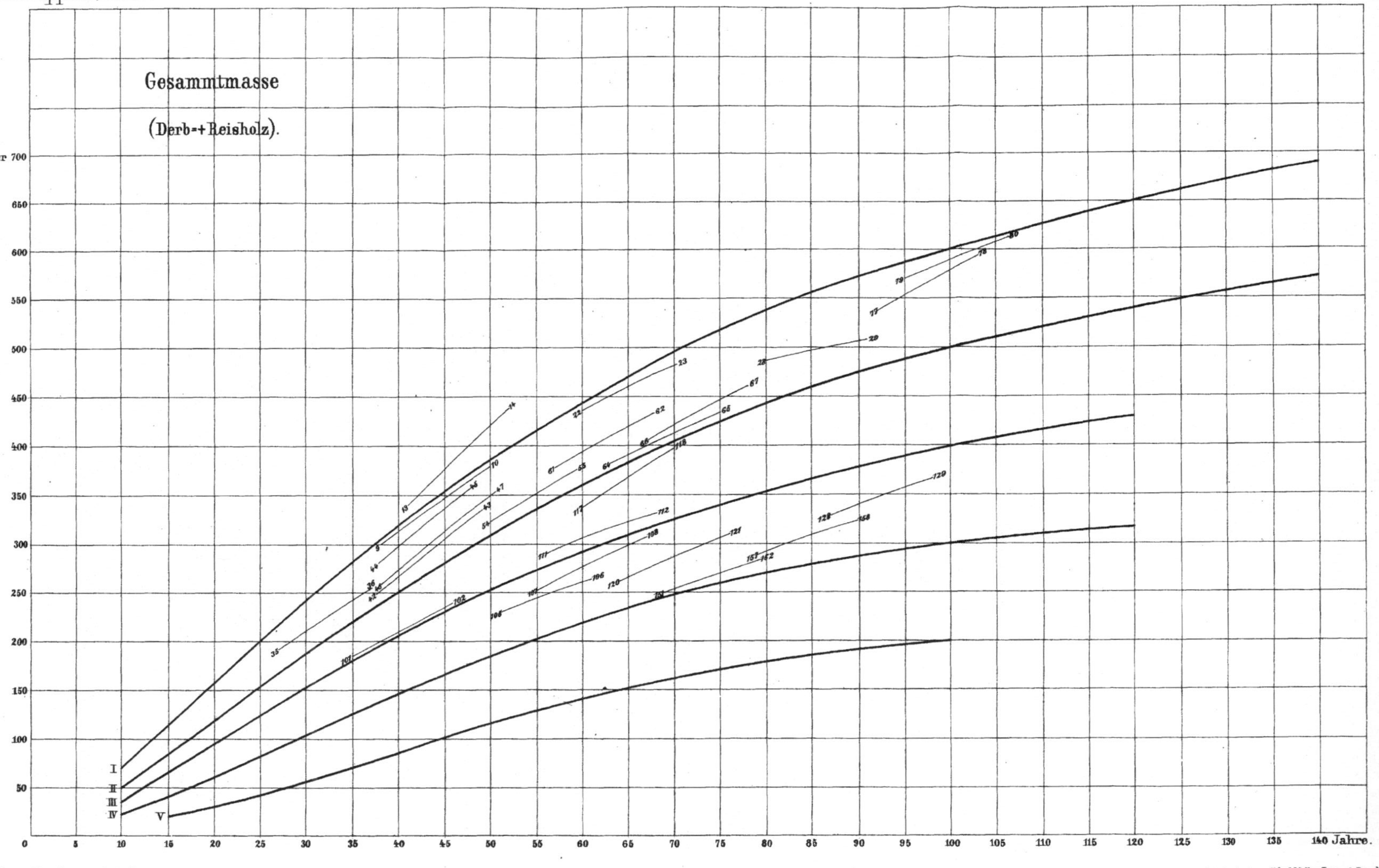

Schwappach, Kiefer.
Tafel II.
Gesammtmasse
(Derb-+ Reisholz).
Festmeter 700
650
600
550
500
450
400
350
300
250
200
150
100
50
I
II
III
IV
V
0 5 10 15 20 25 30 35 40 45 50 55 60 65 70 75 80 85 90 95 100 105 110 115 120 125 130 135 140 Jahre.
Verlag von Julius Springer in Berlin N.
Autogr. Anst. von Alfred Müller, Leipzig-Reudnitz

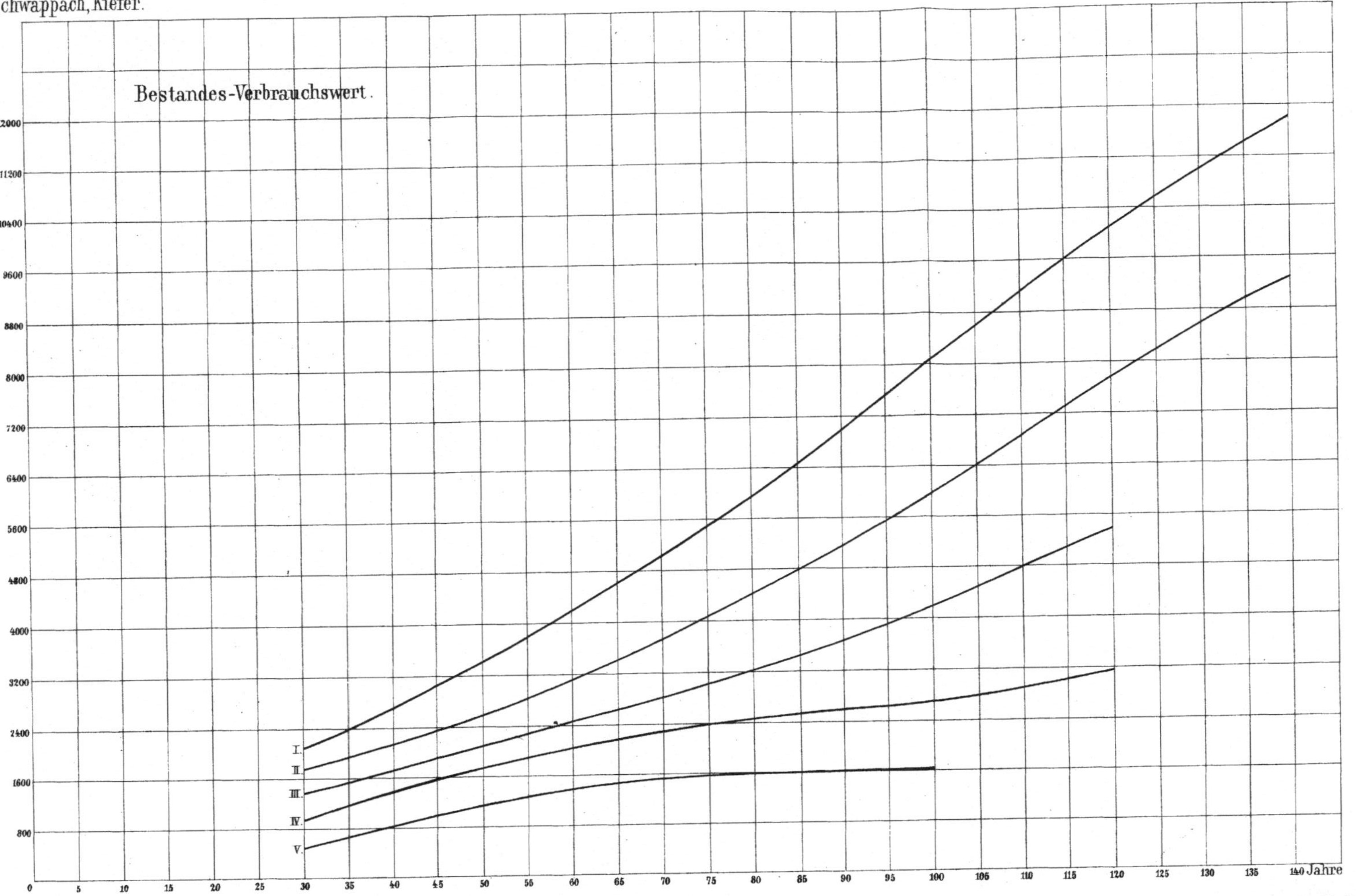

Schwappach, Kiefer.
Tafel III.
Bestandes-Verbrauchswert.
Mark 12000
11200
10400
9600
8800
8000
7200
6400
5600
4800
4000
3200
2400
1600
800
I.
II.
III.
IV.
V.
Jahre
Verlag von Julius Springer in Berlin N.
Autogr. Anst. v. Alfred Müller, Leipzig-Reudnitz.